四川省国土资源厅"四川典型重金属污染土地修复试验"地勘基金项目（201402）

四川省国土资源厅"四川镉污染土地监测与修复试验"科学研究计划项目
（KJ-2012-3）

稀有稀土战略资源评价与利用四川省重点实验室研究项目

成都平原区典型重金属污染
土地修复研究

梁　斌　徐志强　李忠惠
蒋　卉　阚泽忠　黎诗宏　李江涛/著

科学出版社

北　京

内 容 简 介

本书在对成都平原土壤重金属污染现状及生态效应调查研究的基础上，重点对成都平原以 Cd 污染为主的农田土壤，开展以原位钝化修复为主，植物修复、化学淋洗修复为辅的重金属污染土地修复研究。通过预试验、盆栽试验、大田试验，研发出以黏土矿物、生物质炭、石灰为主的复合钝化剂配方，显著降低了水稻等大宗农作物中重金属的含量；筛选出适合研究区重金属污染土壤的植物修复品种；采用化学淋洗的方法，对磷化工高重金属污染土地的修复进行了探索试验。

本书可供从事环境科学与环境工程相关领域的科研人员及高等院校相关专业师生参考阅读。

图书在版编目（CIP）数据

成都平原区典型重金属污染土地修复研究 / 梁斌等著. —北京：科学出版社，2018.2

ISBN 978-7-03-056660-7

Ⅰ. ①成… Ⅱ. ①梁… Ⅲ. ①成都平原-土壤污染-重金属污染-生态恢复-研究 Ⅳ. ①X53

中国版本图书馆 CIP 数据核字（2018）第 039817 号

责任编辑：罗 莉 / 责任校对：陈 珍
责任印制：罗 科 / 封面设计：墨创文化

科学出版社 出版

北京东黄城根北街 16 号
邮政编码：100717
http://www.sciencep.com

四川煤田地质制图印刷厂印刷
科学出版社发行 各地新华书店经销

＊

2018 年 2 月第 一 版 开本：720 × 1000 1/16
2018 年 2 月第一次印刷 印张：9 1/2
字数：196 560

定价：69.00 元
（如有印装质量问题，我社负责调换）

前　言

土壤的重金属污染及修复问题早已受到全世界的广泛关注，近年来更是引起了社会的高度重视。成都平原（又称川西平原）位于四川盆地西部，是四川省社会经济最发达的地区，也是四川省和全国著名的商品粮、油生产基地。成都平原的农作物主要有水稻、小麦和油菜，水稻种植面积最大，属典型的水田农业区，水稻面积和产量均占全国的10%左右，产量居全国第五（肖志如等，2009）。成都平原区为第四系河流冲积物组成，土壤类型以水稻土为主。由于社会经济活动和农业生产，局部地区农田土壤镉（Cd）污染严重、生态效应显著，严重威胁了大宗农作物的食品安全和人们的身体健康。因此，探索出一套针对大面积农田重金属污染、环境友好、经济高效的土壤修复技术与方法，对于确保大宗农作物的食品安全具有重要的科学和现实意义。

一、研究思路和内容

1. 研究思路

在对成都平原区典型 Cd 污染土壤监测的基础上，针对研究区修复对象主要为农田土壤，具有 Cd 污染土地面积大、污染程度中等、酸性土壤、土壤-植物生态效应显著的特点，结合国内外相关研究成果，本次重金属污染土地修复试验主要选择复合钝剂原位修复技术，根据不同污染程度和用地类型，配合植物修复、化学淋洗修复等技术方法，开展实验室预试验、盆栽及大田试验研究，探索出一套以保障大宗农作物食品安全为目标，环境友好、经济高效、易于推广的 Cd 污染土地修复技术与方法，为四川省乃至我国类似地区重金属污染土地的修复提供可借鉴的技术与方法。

修复试验工作总体技术流程见图1。

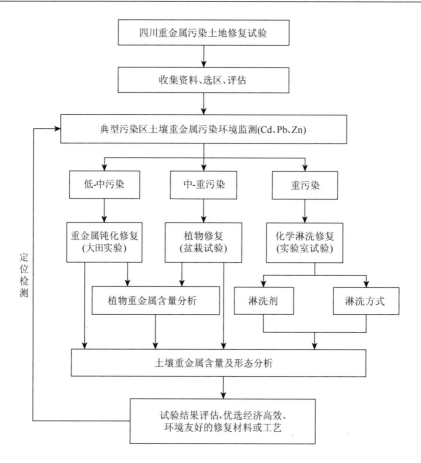

图1　成都平原典型重金属污染土地修复试验总工作流程图

2. 研究内容

根据成都平原区土壤重金属污染类型、污染程度及研究目标，具体研究内容和方法如下：

（1）土壤重金属监测。分年度采集表层土壤以及植物（包括大宗农作物水稻、特色农产品川芎）、根系土样品，确定研究区表层土重金属污染类型、污染程度以及生态效应，评价农作物的食品安全性，分析影响土壤及农作物中重金属含量的地球化学因素，为重金属污染土地修复提供依据。

（2）污染物来源。土壤污染既有地质背景因素，也有现代环境因素，其中现代工业生产所排放的"三废"是造成局部土壤污染的重要原因。在土壤重金属污染修复治理中，如果不查明引起污染的原因，斩断污染来源，那么土壤修复将是无效的或效果不显著的。在研究区采集大气降尘、灌溉水等样品，分析引起土壤重金属污染的外部因素。

（3）钝化修复试验。钝化修复重金属污染土地是本次污染土壤修复的重点和难点，其关键技术在于钝化剂配方的研制，包括钝化物质的选用、配方比例以及配方效果的持久性、经济性和可操作性等。本次试验针对成都平原区土壤重金属污染的特点、土壤理化性质及地球化学控制因素，采用能提高土壤 pH、降低土壤中 Cd 有效态含量的生物质炭、石灰、膨润土等物质，研制有机-无机复合钝化剂，通过钝化剂配方预实验、盆栽试验和大田试验，以是否能显著提高土壤 pH、降低土壤 Cd 的有效态含量，特别是降低大宗农作物中 Cd 的含量为检验标准，分步筛选出效果较好的钝化剂配方。同时，在大田试验中测定土壤的容重以及农作物的产量，更全面地评价钝化修复的效果。

（4）植物修复试验。对研究区 Cd 污染程度较高的土壤，选用高积累植物龙葵以及研究区广泛种植的烟叶，通过盆栽试验，确定龙葵、烟叶等植物对土壤中 Cd 的吸收能力。植物修复的缺点是修复周期长、效率低，为提高植物修复的效率，在试验中加入了不同浓度的柠檬酸或 EDTA（乙二胺四乙酸），通过提高土壤中重金属的有效性来增加单季植物对重金属的吸收量。

（5）化学淋洗试验。对研究区磷化工"三废"排放所造成的高污染土壤，采用化学淋洗方法，以有机酸、化学络合剂、稀酸作为淋洗剂，单独或联合使用，考察淋洗剂种类、浓度和淋洗时间对污染土壤中重金属的去除效果。

（6）钝化剂效果的持续性。钝化剂效果的持续性是衡量钝化修复效果的重要指标，持续性较好的钝化剂可以减少土壤修复过程中的工作量，并降低修复成本，从而使修复技术更易推广。通过分析钝化修复后土壤中 Cd 的有效态含量、pH 以及农作物中 Cd 含量的变化，来检验钝化剂效果的持续性，以进一步确定本次研究的钝化剂原位修复的效果。

二、工作概况

本书是在四川省国土资源厅地勘基金项目"四川典型重金属污染土地修复试

验"（项目编号 201402）以及四川省国土资源厅科学研究计划项目"四川镉污染土地监测与修复试验"（项目编号 KJ-2012-3）等研究工作的基础上完成的。上述项目由四川省地质调查院承担，西南科技大学参与完成。在本书的撰写过程中，收集了由四川省地质调查院承担的中国地质调查局与四川省人民政府的"成都经济区生态地球化学调查"项目及四川省国土资源厅"金土地工程"农业地质调查项目的相关调查研究成果。

本次研究工作始于 2012 年，2016 年提交最终成果报告，完成的主要实物工作量见表 1。

表 1　完成主要实物工作量

工作项目	单位	技术指标	完成工作量	备注
土壤重金属监测	km^2	按 500m×500m 采集表层土壤样品	27	
供试土壤	件	As、Cd、Hg、Pb、Cu、Zn、Cr、Ni、N、P、K$_2$O、CaO、MgO、B、SiO$_2$、Se、有机质、pH；水解性氮、有效 Cu、有效 Zn、有效 P、有效 B、有效 Si、缓效 K、速效 K 和 CEC（阳离子交换量）	19	
表层土壤	件	Cd、Se、有机质、pH	188	
植物	件	Cd、Se、Pb、Zn	64	水稻、川芎等
根系土	件	Cd、Se、Pb、Zn、有机质、pH	64	
污染物样品	件	Cd、Pb、Zn	27	大气降尘、底泥、灌溉水
钝化剂预实验	件	Cd 元素有效态含量分析、pH	252	
钝化剂盆栽试验	盆	植物-Cd、Se、Zn；根系土-Cd、Se、Zn、有机质、pH 值等 5 个指标，Cd 元素有效态含量分析	176	种植水稻、川芎
钝化剂大田种植试验	田块	植物-Cd、Se、Zn；根系土-Cd、Se、Zn、有机质、pH，Cd 元素有效态含量分析	8	种植水稻 5 块、川芎 3 块，共 58 个小田块
土壤容重测量	件		48	
植物修复盆栽试验	盆	植物-Cd；根系土-Cd、pH	57	龙葵、烟叶
化学淋洗实验	组	Cd	186	

三、样品采集、测试及质量监控

1. 样品采集

本次研究工作涉及的样品采集主要有：表层土壤、植物（农作物）、根系土、大气降尘、灌溉水等。

表层土壤样品，在土地重金属污染监测工作中采集。于 2014 年、2015 年 10 月农作物收获后采集，按 4 件/km² 采集，采样面积 27km²。表层土样品采样深度为地表 0~20cm 土柱，每件样品由在设计点附近 20~50m 内采集同种土样 5 个点组合而成，样品原始重量在 1~1.5kg。样品干燥后，按照规范加工流程，用尼龙筛截取−0.8mm（−20 目）粒级的样品 500g。

植物样品采集，在土地重金属污染监测、钝化修复盆栽试验和大田试验、植物修复试验等工作中采集。土地重金属污染监测中，植物以水稻为主，兼顾中药材（川芎），水稻样品于 2014 年、2015 年 9 月采集，川芎于 2015 年 5 月采集，以对角线的方式在田块中采集水稻籽实、川芎地下茎块药用部分作为水稻、川芎样品，样品重量在 0.8~1kg；钝化修复盆栽试验中，采集全部水稻籽实、川芎地下茎块药用部分；钝化修复大田试验中，以对角线的方式在田块中采集水稻籽实、川芎地下茎块药用部分，样品重量在 0.8~1kg；植物修复试验中，采集全部烟叶叶片、龙葵地上茎叶部分。

根系土样品与植物样品同时采集。样品原始重量在 1~1.5kg。样品干燥后，按照规范加工流程，用尼龙筛截取−0.8mm（−20 目）粒级的样品 500g。

大气降尘、灌溉水等样品，在土地重金属污染监测工作中采集。大气降尘样品在较陈旧、较封闭的建筑物或民居内，用专用塑料采样袋收集灰尘，重量 30~50g/件。灌溉水样品主要布置在研究区主要灌溉水渠。灌溉水用 2kg 聚乙烯塑料桶作为装样容器，装入水样后，加入保护剂之后摇匀。

2. 样品测试及质量监控

1）测试方法

研究中采集的土壤、植物及大气降尘等样品中的 Cd、Pb、Zn、Se、有机质、

pH 等，由成都综合岩矿测试中心承担样品测试工作；土壤中 Cd 的有效态含量、化学淋洗修复淋洗液中的 Cd 由西南科技大学测试中心测试完成。

　　成都综合岩矿测试中心所完成测试的样品，在分析检测工作开展前，对部分元素的分析检测方法以及整体分析检测配套方案进行了改进和优化，使其更适合该研究中各元素的分析技术要求，主要测试分析方法见表 2、表 3。

表 2　土壤样品元素分析配套方法

测试指标	处理方法		测定方法
Zn、Cu、Ni、Cr	5.0g 样品	粉末压片法	X 射线荧光光谱法（XRF）
Cd、Pb	0.0250g 样品硝酸、氢氟酸、高氯酸三酸溶样	定容 25ml 后直接测定	等离子质谱法（ICP-MS）
As、Hg、Se	0.5000g 样品王水（硝酸、高氯酸）溶样	KBH$_4$ 还原、氢化法	原子荧光光谱法（AFS）
有机质	0.5000g 样品硫酸分解	重铬酸钾氧化	氧化还原容量法
pH	10.0g 样品，水浸取	直接测定	pH 计电极法（ISE）

表 3　生物样品分析方法配套方案

测试指标	提取方法	分析方法	检测依据
Pb、Cd、Zn、Se	微波消解法	ICP-MS	GB/T5009—2003

　　土壤中 Cd 的有效态含量、化学淋洗液中 Cd 元素含量，采用 ICP-MS 测试。

2）质量监控

　　成都综合岩矿测试中心加强了国家一级标准物质、监控样、重复性检查、异常抽查的质量监控措施，对 GSS1-8、GSS11-14 国家一级土壤标准物质进行了 12 次重复测定，确保了分析方法的可行性和可靠性。

　　对 445 件土壤样品，插入国家一级标准物质 42 件；对 394 件根系土样品，插入国家一级标准物质 40 件。土壤样及根系土样品报出率均为 100%；国家一级标准物质的准确度、精密度合格率均为 100%；重复性检验合格率均为 100%。

　　对 379 件生物样品，插入国家一级标准物质 53 件，报出率均为 100%；国家一级标准物质的准确度、精密度合格率均为 100%；重复性检验合格率除 Cd 合格率为 96.7%、Pb 合格率为 95.2%外，其余各元素的合格率均为 100%。

对 445 件土壤样品进行了 20 件密码抽查分析，抽查比例为 4.49%，密码抽查分析数据的合格率均为 100%。

抽取 4 件稻米样品送国土资源部合肥矿产资源监督检测中心进行检测，4 件样品的 Cd 和 Zn 外检合格率为 100%。

西南科技大学测试中心测试的土壤 Cd 元素有效态含量、化学淋洗液重金属含量等，采用电感耦合等离子体光谱法（ICP-AES）完成，每批样品均有 2～3 个空白样、重复样进行监测。

综上所述，各类样品测试采用的分析方法检出限均满足或优于规范的要求，准确度和精密度监控结果合格率均为 100%；土壤样密码抽查合格率 100%；重复性检查样品（比例 5%）；土壤样品一次性合格率均大于 98%。元素含量的高、低异常点抽查合格率除 pH 为 96% 外，其余均为 100%。植物外检合格率为 100%。各项质量指标满足《地质矿产实验室测试质量管理规范》（DZ/T0130.4—2006）。

四、研究进展

本次试验研究工作，针对成都平原区典型 Cd 污染土壤，在重金属污染监测的基础上，根据引起大宗农作物（水稻）吸收 Cd 的地球化学控制因素，通过预实验、盆栽试验和大田试验，开展了以研发无机-有机复合钝化剂为核心的原位钝化修复试验，同时也进行了植物修复、化学淋洗修复的探索。通过上述试验研究工作，探索了一套适宜成都平原区农田土壤重金属污染修复的技术方法，也为其他类似地区重金属污染治理提供了可借鉴的方法技术。本次研究主要取得了以下成果：

（1）通过对表层土壤以及水稻等农作物样品的监测，进一步查明了研究区土壤 Cd 污染的现状、变化趋势及大宗农作物的食品安全性。研究区土壤 Cd 污染严重，环境质量分级为三级以上的样品占 85% 以上，个别地方有污染加剧之势。Cd 污染生态效应显著，稻米 Cd 超标严重，超标率在 70% 以上，且超标程度严重，这表明土壤 Cd 污染已通过土壤-植物生态系统严重威胁了稻米的食品安全。

（2）分析探讨了控制稻米 Cd 元素含量的地球化学因素，为土壤重金属的修复与防控提供了科学依据。以研究区内不同年度土壤与稻米中 Cd、Zn、Se 等元素以及土壤的 pH、有机质含量等数据为依据，分析探讨了稻米从土壤中吸收 Cd、Zn、Se 的地球化学控制因素，确定了控制稻米 Cd 含量的主要地球化学因素。结果表明，在成都平原区 Cd 污染土壤稻米中 Cd 含量水平主要受土壤 Cd 含量和 pH 的影响，土壤中有机质也在一定程度上影响稻米中 Cd 元素的含量。因此，在成都平原 Cd 污染区进行土壤修复时，提高土壤 pH 是一个关键途径，同时增加土壤中有机质的含量，也将更好地降低稻米中 Cd 元素的含量水平。

（3）来自磷化工厂的大气降尘是造成研究区土壤 Cd 污染的重要因素，土壤 Cd 污染主要是由人类活动的外部因素引起的。研究区代表地质背景的深层土壤样品中 Cd 元素的含量都相对较低，基本上属于土壤环境的自然背景；大气降尘中 Cd 元素含量高，研究 A 区大气降尘的年输入通量达 $8.33g/(hm^2 \cdot a)$，研究 B 区年输入通量达 $55.14g/(hm^2 \cdot a)$，相对贡献率分别在 68.0%、96.4%，占有绝对的主导地位。大气降尘主要来源于磷化工厂的废气、烟尘。

（4）通过钝化剂预实验，确定了以生物质炭为主要成分，配以石灰、膨润土和钙镁磷肥的有机-无机材料组成的复合钝化剂配方。钝化剂的预试验表明，生物质炭和石灰对控制土壤 pH、Cd 的有效性具有重要作用，而膨润土和钙镁磷肥起辅助作用。

（5）盆栽试验、大田试验结果表明，钝化剂显著地降低了稻米中 Cd 的含量，Cd 污染农田土壤钝化修复效果明显，探索出了针对 Cd 污染农田土壤的钝化修复技术。钝化剂显著提高了土壤的 pH，大部分配方使 Cd 有效态含量下降了 20%～40%，最高下降约 60%；稻米中 Cd 的含量下降率普遍在 10%～50%，多集中在 30%～50%。同时，保持了稻米 Se 含量水平，提高或保持了水稻产量，降低了土壤容重。做到了边修复、边生产、边治理，不改变农业生产方式。这种以农作物秸秆生产的生物质炭为主要成分的钝化剂，不仅钝化修复效果好，同时也为农作物秸秆的综合利用提供了有效途径。

（6）对钝化剂效果的持续性进行了初步研究，为本次研究确定的钝化修复技术的推广提供了依据。在经历了水稻、后续小麦和川芎的种植后，土壤中 Cd 的有效态含量不但没有提高，反而大幅度下降，无论小麦籽粒还是川芎块根中 Cd 的含量都明显地下降了。这表明钝化剂效果的持续性较好，在农作物继续种植过程中，钝化剂仍然对 Cd 起到了良好的固定效果。

（7）应用龙葵、烟叶等植物开展了污染土壤的植物修复试验，确定了适合研究区土壤类型及污染程度的修复植物。龙葵对 Cd 具有很强的富集能力，并且添加柠檬酸的生长与 CK 组（对照组）相比也未受到抑制，茎叶中 Cd 含量达到了 6.7～17.2mg/kg，生物富集系数（BCF）达到了 5.26～19.33，可用于遭受工业污染的、Cd 含量高的农用地、荒地的修复。烟叶对 Cd 具有很强的富集能力，烟叶中 Cd 含量达到了 20～50mg/kg，生物富集系数（BCF）达 12～30，是吸收 Cd 的超累积植物，在大面积种植烟叶的地区，可在种植过程中对土壤进行修复。

（8）对研究区内磷化工企业"三废"排放所造成的高污染土壤，采用化学淋洗的方法去除 Cd，取得了显著效果。以柠檬酸和酒石酸为淋洗剂，采用振荡洗土的实验方法，Cd 去除率均能够达到 60%以上，如果多次重复淋洗，土壤中 Cd 的去除率还将有一定的提高。这表明采用化学淋洗对四川地区 Cd 污染土壤进行修复，从工程应用上来说是可行的。

本研究成果是项目组全体人员辛勤工作的成果。本书各章节分工如下：前言，梁斌、李忠惠；第一章，李忠惠、梁斌、阚泽忠；第二章，徐志强、梁斌、李忠惠、阚泽忠；第三章，黎诗宏、梁斌、李江涛；第四章，蒋卉，李江涛。本书由梁斌、李忠惠统稿和定稿。张跃跃、唐屹、朱梦婷、潘蒙、户双节、韩兆诣、文龙、燕中林等参加了野外调查、实验及资料整理工作。

五、致谢

本书所反映的研究成果，是四川省国土资源厅多年来所资助的农业地质调查研究的成果集成，是在四川省国土资源厅的支持和领导下完成的。在项目的实施过程中，得到了四川省地质调查院、试验区各级政府的领导和相关部门以及当地农民的大力支持；四川省地质调查院的陈德友教授级高级工程师、刘应平高级工程师以及成都理工大学的施泽明教授，对项目的技术方案进行了具体的指导，对我们的工作给予了许多重要的帮助，在此一并表示衷心的感谢！

本次研究的样品测试工作主要由成都综合岩矿测试中心承担，西南科技大学测试中心、固体废物处理与资源化教育部重点实验室完成了部分测试工作。在此对上述测试单位表示衷心的感谢！

目　　录

第一章 土壤 Cd 污染特征及生态效应

成都平原区土壤重金属污染主要是以 Cd 为主的农田土壤污染，污染区主要集中在平原北东部。根据本次土壤重金属污染修复主要是以大面积的农田土壤为主的研究目标，综合考虑 Cd 污染程度、污染来源、地质背景、用地类型等多种因素，研究区选择在成都平原北东部的两个乡镇（以下称为研究 A 区、研究 B 区），面积均在 12km² 以上。这两个研究区是成都平原典型的农业生产区，土壤以 Cd 污染为主，农作物（水稻）Cd 含量普遍超标，但在污染程度上存在一定的差别，且土壤 Cd 污染来源明显不同。因此，在这两个研究区开展土壤重金属污染监测和修复工作，不仅可以探索出一套适合成都平原重金属污染土壤修复的技术与方法，而且将对四川省今后类似地区重金属污染防控提供可借鉴的技术与经验。

第一节 研究区概况

一、自然地理

两个研究区均位于成都平原的北东部。研究 A 区为成都平原的一级阶地平坝区，由河流的冲积物所组成，地势由西北向东南倾斜，平均坡降 0.68%，海拔 580～610m，相对高差 5～20m，研究 B 区主要为成都平原的一级阶地平坝区，北西部边缘分布有四级阶地组成的浅丘，地势由西北向东南倾斜，海拔 620～560m，相对高差 10～20m。

研究区属四川盆地中亚热带湿润季风气候区，四季分明，冬暖、春早，无霜期长，雨量充沛，但季节分布不均。多年平均气温 15.7℃，全年 10℃以上积温天数为240～300d，≥10℃积温为 5000～5300℃，无霜期多为 285d，多年平均降水量1053.2mm，年均相对湿度 81%，年均蒸发量 1100.8mm，多年平均日照时数 1011.3h，水热资源丰富，为作物生长提供了充裕的外部条件。

二、土地资源及农业种植现状

　　研究 A 区是重要的粮食种植区。区内土壤类型相对单一,为灰棕冲积水稻土,成土母质为全新统河流灰棕冲积物,习称为新冲积母质。从河床由近至远,土壤的质地由粗变细,由轻变重,土层厚度由薄变厚,土壤保水保肥能力由弱变强,供肥性由快变缓。研究区总面积 18154.80 亩(1 亩 ≈ 666.7m^2),其中农用地 15010.70 亩,占总面积的 82.68%。农用地中耕地 11173.56 亩,占总面积的 61.54%,其中灌溉水田 10540.26 亩,占总面积的 58.06%。区内农业资源优势突出,土地肥沃,宜种性强。农作物实行一年两熟耕作制,主要粮食作物有水稻、小麦、玉米、高粱、豆类,兼种果蔬、林经、油料等经济作物。大春作物以水稻为主,小春以油菜、小麦为主,经济作物有蔬菜。研究 A 区内无大型的工厂企业。

　　研究 B 区是粮食、川芎及晒烟的种植区。区内土壤类型主要为灰棕冲积水稻土,分布于一级阶地平坝区,少量老冲积黄泥水稻土,分布于北西部边缘的浅丘上,这些土壤均由第四系冲积物经水耕熟化发育而成。研究区总面积 18782.1 亩,其中农用地 14507.55 亩,占总面积的 77.24%。农用地中耕地 10805.4 亩,占总面积的 57.53%,其中灌溉水田 8401.2 亩,占总面积的 44.73%。区内地势平坦,土壤肥沃,灌溉条件良好,农作物实行一年两熟耕作制,大春种植水稻,小春以种植小麦、油菜为主。除大宗农作物外,研究 B 区还是晒烟、川芎等经济作物的重要种植区,晒烟种植面积 500 余亩,川芎种植面积 700 余亩。川芎邻研究 B 区有一大型磷化工企业。

三、表层土壤的元素背景值

　　根据 2008 年、2011 年研究区农业地质调查成果,获得了表层土壤主要元素(指标)的背景值(表 1-1)。

表 1-1　研究区土壤中各元素（指标）含量背景值统计表

元素或指标	研究 A 区			研究 B 区			成都经济区
	背景值（$\bar{X}$）	标准偏差（S）	变异系数（CV）	背景值（$\bar{X}$）	标准偏差（S）	变异系数（CV）	背景值（$\bar{X}$）
As	6.7	1.63	24.3	9.37	4.22	44.3	9.11
Cd	0.486	0.11	22.6	0.642	3.68	202.4	0.25
Cr	81.7	6	7.3	84.13	9.93	11.7	72.1
Cu	29.66	4.46	15.0	27.76	3.93	13.9	28.1
Hg	0.201	0.083	41.3	0.182	0.81	231	0.08
Pb	35.9	4.82	13.4	38.71	26.54	57.2	30.32
Ni	26.3	2.56	9.7	31.08	3.97	12.8	33.5
Zn	107.2	17.03	15.9	121.19	237.39	113.9	82.22
K_2O	1.92	0.082	4.3	1.77	0.160	9.0	2.35
CaO	1.48	0.14	9.5	0.83	0.47	53.1	1.88
MgO	1.39	0.12	8.6	1.14	0.28	24.6	1.69
B	41.9	5.93	14.2	59.92	12.15	20.2	62.4
Mo	0.905	0.12	13.3	0.74	0.249	33.4	0.799
Mn	349.3	36.77	10.5	363	154.67	41.8	616
Se	0.60	0.11	18.3	0.25	0.08	31.2	0.23
Org	3.44	0.54	15.7	2.06			1.38
pH	6.1	0.35	5.7	6.03	0.63	10.3	7.11
CEC	9.22	1.23	13.37	12.92			

注：背景值统计方法采用先求出某一元素含量的算术平均值 $\bar{X}$，然后经 $\bar{X} \pm 2S$ 反复剔除异常值后的平均值 $\bar{X}$ 作为土壤背景值；研究 A 区统计样品数量 200 件，研究 B 区统计样品数量 212 件。氧化物、有机质含量（Org）单位为%，pH 无量纲，CEC 为 cmol（+）/kg，其他数据单位为 mg/kg。

上述分析结果表明，与成都经济区土壤背景值相比，两个研究区表层土壤 Cd 元素显著富集，其富集系数分别是 1.94、2.57（图 1-1），这一特征表明研究区是成都经济区中 Cd 含量较高的地区。土壤中有机质含量也相对较高，其富集系数分别为 2.49、1.49。另外，研究 A 区不仅土壤中 Cd 含量较高，而且也富集 Se 元素，其富集系数达 2.61。两个研究区的 pH 均显著低于成都经济区土壤背景值，表现为更为酸性的土壤性质。

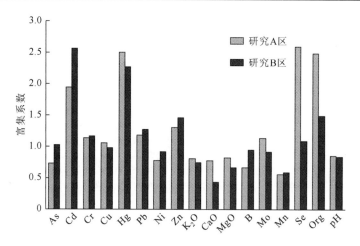

图 1-1　研究区土壤元素的富集系数

第二节　土壤 Cd 污染特征

在两个研究区采集表层土壤样品，对 Cd 元素全量及不同形态，以及 Se、Org 等元素及 pH 指标进行分析，以确定表层土壤中 Cd 元素的分布特征、土壤环境质量及 Cd 元素的存在形式，并分析土壤中 Cd 元素全量及不同形态与 Org 含量、pH 等土壤理化性质之间的关系，以探讨影响土壤 Cd 元素富集的地球化学因素及其化学行为、有效性等。

一、土壤环境质量评价

2015 年，两个研究区表层土壤样品中 Cd、Se、Org、pH 等元素及指标的分析结果见表 1-2。

表 1-2　研究区表层土壤分析结果

	研究 A 区				研究 B 区			
样号	Cd	Org	Se	pH	样号	Cd	Org	Se	pH
MBT-01	0.51	4.20	0.53	5.87	SBT-1	0.47	2.04	0.25	6.15
MBT-02	0.60	3.68	0.54	6.80	SBT-2	0.48	2.05	0.25	5.35
MBT-03	0.42	2.15	0.53	5.90	SBT-3	0.37	1.58	0.21	5.06
MBT-04	0.35	2.70	0.46	6.26	SBT-4	0.56	1.18	0.19	5.19

续表

研究 A 区				研究 B 区				
样号	Cd	Org	Se	pH	样号	Cd	Org	Se	pH
MBT-05	0.36	2.51	0.45	5.72	SBT-5	0.80	2.00	0.31	6.40
MBT-06	0.37	2.80	0.38	5.68	SBT-6	0.36	2.44	0.24	6.55
MBT-07	0.37	2.48	0.42	5.95	SBT-7	0.34	1.04	0.15	8.25
MBT-08	0.36	2.15	0.50	5.71	SBT-8	0.23	1.52	0.19	6.55
MBT-09	0.39	2.96	0.51	5.90	SBT-9	0.70	0.86	0.22	5.30
MBT-10	0.35	2.77	0.47	5.97	SBT-10	1.46	2.66	0.37	6.30
MBT-11	0.43	2.73	0.58	6.55	SBT-11	0.46	2.46	0.20	7.98
MBT-12	0.37	2.67	0.44	5.89	SBT-12	0.43	0.81	0.19	4.89
MBT-13	0.51	2.72	0.62	6.23	SBT-13	0.31	0.99	0.19	6.73
MBT-14	0.56	3.17	0.56	6.61	SBT-14	1.65	1.89	0.26	6.16
MBT-15	0.31	2.59	0.45	5.71	SBT-15	2.36	1.81	0.26	6.80
MBT-16	0.41	2.66	0.44	6.05	SBT-16	6.18	2.44	0.30	6.01
MBT-17	0.37	2.77	0.46	5.84	SBT-17	0.38	1.26	0.19	4.74
MBT-18	0.40	2.50	0.48	6.05	SBT-18	0.83	1.74	0.20	5.47
MBT-19	0.32	3.46	0.56	6.00	SBT-19	0.46	0.55	0.09	5.60
MBT-20	0.40	2.12	0.60	6.35	SBT-20	0.52	1.78	0.16	6.83
MBT-21	0.31	2.64	0.52	6.03	SBT-21	10.05	2.27	0.25	6.23
MBT-22	0.36	2.83	0.48	6.24	SBT-23	0.53	1.12	0.16	6.19
MBT-23	0.42	2.79	0.43	5.84	SBT-24	0.68	1.52	0.28	5.22
MBT-24	0.43	3.47	0.50	5.63	SBT-25	1.51	1.59	0.19	5.31
MBT-25	0.38	2.23	0.48	6.34	SBT-26	1.55	1.34	0.19	5.66
MBT-26	0.81	3.09	0.83	7.05	SBT-27	5.13	2.27	0.25	6.17
MBT-27	0.37	3.10	0.49	5.52	SBT-28	5.04	1.41	0.22	6.76
MBT-28	0.56	3.26	0.67	6.14	SBT-29	4.64	1.75	0.22	6.08
MBT-29	0.35	2.89	0.35	5.37	SBT-30	1.22	4.75	0.35	6.12
MBT-30	0.38	2.69	0.46	6.92	SBT-31	0.74	1.38	0.18	6.55
MBT-31	0.33	2.82	0.53	5.88	SBT-32	1.19	1.36	0.22	5.03
MBT-32	0.36	2.72	0.38	5.60	SBT-33	1.73	1.70	0.23	5.02
MBT-33	0.36	2.55	0.37	5.76	SBT-34	2.94	2.45	0.27	5.78
MBT-34	0.35	3.33	0.53	5.74	SBT-35	1.41	1.77	0.21	5.09
MBT-35	0.28	2.72	0.39	5.70	SBT-36	8.17	2.33	0.30	7.84
MBT-36	0.27	2.82	0.36	5.85	SBT-37	0.88	1.37	0.11	5.72
MBT-37	0.44	3.45	0.59	5.88	SBT-38	0.48	0.89	0.10	4.89
MBT-38	0.37	3.96	0.40	5.89	SBT-39	0.87	1.67	0.18	4.74

研究 A 区				研究 B 区				
样号	Cd	Org	Se	pH	样号	Cd	Org	Se	pH
MBT-39	0.40	3.31	0.48	6.24	SBT-40	0.40	1.01	0.10	5.37
MBT-40	0.48	3.35	0.49	6.33	SBT-41	1.27	1.80	0.16	5.27
MBT-41	0.51	3.10	0.41	6.39	SBT-42	1.31	1.97	0.18	5.28
MBT-42	0.43	3.85	0.51	5.79	SBT-43	20.11	2.33	0.48	5.69
MBT-43	0.47	3.11	0.50	6.62	SBT-44	0.48	0.79	0.12	7.16
MBT-44	0.44	4.15	0.44	5.52	SBT-45	0.18	1.02	0.13	6.99
MBT-45	0.42	3.65	0.55	5.94	SBT-46	0.22	0.77	0.10	6.73
MBT-46	0.26	2.00	0.27	5.79	SBT-47	0.27	0.78	0.11	6.64
					SBT-48	0.60	1.37	0.13	5.28
					SBT-49	0.30	0.79	0.11	5.74
最小值	0.26	2.00	0.27	5.37	最小值	0.18	0.55	0.09	4.74
最大值	0.81	4.20	0.83	7.05	最大值	20.11	4.75	0.48	8.25
平均值	0.41	2.95	0.49	6.02	平均值	1.94	1.64	0.21	5.98
标准偏差	0.10	0.52	0.09	0.38	标准偏差	3.41	0.72	0.08	0.85
变异系数 /%	23.69	17.76	19.18	6.24	变异系数 /%	175.33	44.05	37.40	14.26

注：Cd、Se 单位为 mg/kg，Org 单位为%，pH 无量纲。

研究 A 区表层土壤中 Cd 含量为 0.26～0.81mg/kg，平均值为 0.41mg/kg，变异系数为 23.69%，这表明研究 A 区 Cd 含量变化相对较小，全区 Cd 含量分布较为均匀。按照《土壤环境质量标准》（GB15618—1995），土壤中 Cd 含量环境质量为三级的样品达 93.33%（图 1-2），表明研究 A 区土壤普遍受到 Cd 污染，但污染程度较轻。

研究 B 区表层土壤中 Cd 含量为 0.18～20.11mg/kg，平均值为 1.94mg/kg，变异系数为 175.33%，这表明研究 B 区 Cd 含量变化大，全区 Cd 含量分布很不均匀。按照《土壤环境质量标准》（GB15618—1995），土壤中 Cd 含量环境质量为三级以上的样品达 85.42%，其中超三级的样品占 39.58%（图 1-3），表明研究 B 区土壤普遍受到 Cd 污染，且污染程度严重。

与研究 A 区相比，研究 B 区总体上在 Cd 污染样品的比例上相对较低，但土壤 Cd 含量的平均值远高于研究 A 区，其污染程度也更为严重。需要指出的是，

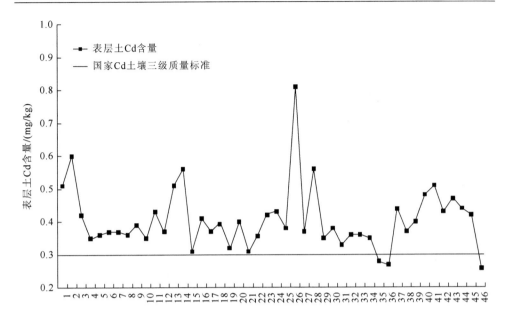

图 1-2　研究 A 区表层土 Cd 元素含量及环境质量评价图

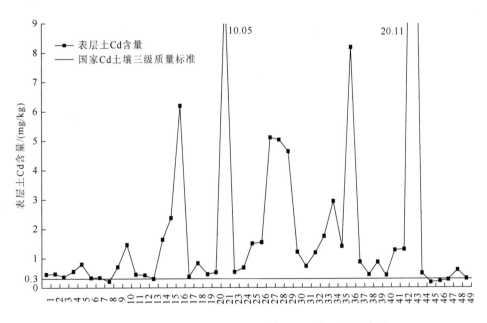

图 1-3　研究 B 区表层土 Cd 元素含量及环境质量评价图

研究 B 区北西部为第四系中更新统冲积物形成的三级阶地，地貌为浅丘，主要为林地，有少量的耕地，而其他地方为第四系全新统冲积物形成的一级阶地，地貌上为平坝，是研究 B 区最主要的农业区，其东侧紧邻乡镇和一个大型磷化工厂。从表层土壤 Cd 元素的空间分布上来看，平坝区表层土壤中的 Cd 含量远高于浅丘区土壤，其 Cd 含量在 0.89mg/kg 以上，且大部分样品超过了 1mg/kg，还出现一些 Cd 含量大于 5mg/kg、最高 Cd 含量为 20.11mg/kg 的样品。因此，研究 B 区内的平坝区，表层土壤 Cd 污染程度十分严重。该区土壤 Cd 含量在空间分布上还表现出以磷化工厂为中心分布的特点，即远离磷化工厂，Cd 含量逐渐降低。这一空间分布特点表明，磷化工厂是该区重要的 Cd 污染来源，土壤的 Cd 污染主要因磷化工厂"三废"排放所致。

二、土壤 Cd 含量与 pH、有机质含量的关系

有机质含量和 pH 是土壤的重要理化性质，是影响重金属在土壤中的移动性和生物有效性的重要因素（余涛等，2008；廖敏等，1999）。

将两个研究区土壤中的 Cd 含量与土壤 pH 和有机质含量进行相关性分析。结果表明，在研究 A 区，土壤中 Cd 含量与 pH、有机质含量之间有极显著的正相关关系（图 1-4），相关系数分别为 $R = 0.614$（$n = 45$，$p < 0.01$）、$R = 0.382$（$n = 45$，$p < 0.01$），表明在研究 A 区有机质含量、pH 的高低显著影响土壤中 Cd 元素的含量，即有机质含量、pH 越高，越多 Cd 元素将被固定在土壤中，因此提高土壤有机质含量及 pH 是抑制土壤 Cd 元素迁移的重要途径之一。

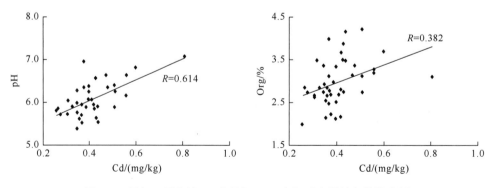

图 1-4　研究 A 区土壤 Cd 含量与 pH、有机质含量的相关性分析

在研究 B 区，土壤中 Cd 含量与土壤 pH、有机质含量的相关性分析却表明，

土壤中 Cd 含量与土壤 pH、有机质含量之间虽然存在正相关关系，但相关性不显著（图 1-5），相关系数分别为 $R = 0.123$（$n = 42$）、$R = 0.304$（$n = 42$）。这表明研究 B 区土壤中 Cd 元素的含量虽然受到 pH 高低、有机质含量多少的影响，但影响相对较小。研究 B 区表现情况与研究 A 区显著不同，这可能是受研究 B 区磷化工厂局部人为的重度污染所致。

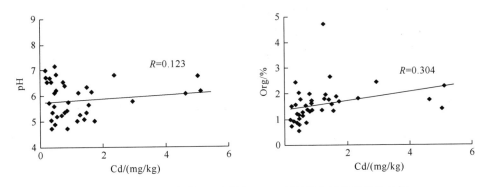

图 1-5　研究 B 区土壤 Cd 含量与 pH、有机质含量的相关性分析

三、土壤 Cd、Se 元素含量的关系

两个研究区表层土壤不仅 Cd 含量较高，污染程度较重，而且土壤中 Se 元素含量也相对较高，特别是在研究 A 区这一特征表现尤为明显。土壤中的 Cd、Se 元素含量较高，也影响到稻米中相应元素的含量，表现为研究区稻米 Cd 超标严重（详见本章第三节）。

研究 A 区，表层土壤样品中 Se 含量为 0.27～0.83mg/kg，平均为 0.49mg/kg；研究 B 区，表层土壤样品中 Se 含量为 0.09～0.48mg/kg，平均为 0.21mg/kg。按照谭见安（1989）的土壤硒分级标准（Se≥3.0mg/kg，硒过量，0.4～3.0mg/kg，富硒，0.175～0.4mg/kg 为足硒，0.125～0.175mg/kg 为潜在硒不足，Se＜0.125mg/kg 为硒缺乏），研究 A 区全部土壤样品均达到足硒标准，其中 84.8%的样品达富硒标准；研究 B 区 Se 含量相对较低，达到足硒标准以上的样品比例为 70.8%，其中 2.1%的样品达到了富硒标准。

相关性分析表明，两个研究区土壤中 Cd、Se 含量之间具有显著的正相关关系，相关系数分别为 $R = 0.718$（$n = 45$，$p < 0.05$）、$R = 0.359$（$n = 42$，$p < 0.05$）。

四、Cd 元素的形态特征

由于土壤环境的复杂性，重金属的全量不足以表征其毒性的大小，其毒性的大小往往取决于在土壤环境中的形态，赋存形态直接影响重金属的溶解性和生物有效性（赵科理等，2016；Zhao et al.，2010）。揭示重金属元素在土壤中赋存形态以及不同形态的相对含量，将有助于较深入地了解重金属元素在土壤中的富集、迁移和转化的机制，对于评价重金属元素对环境的污染程度以及污染防控具有重要意义。

在研究 A 区采集 20 件表层土壤样品，采用 Tessier 连续提取法（Tessier et al.，1979），测定 Cd 元素的水溶态、离子交换态、碳酸盐结合态、腐殖酸结合态、铁锰氧化物结合态、强有机结合态、残渣态等 7 种形态，以确定该区土壤中 Cd 元素的存在形式，探讨影响其形态的因素。

1. 不同形态含量特征

20 件土壤样品 Cd 元素形态分析结果见表 1-3。

表 1-3　土壤 Cd 元素形态分析结果统计　　　　　　　（单位：μg/g）

	Cd 水溶态	Cd 离子交换态	Cd 碳酸盐结合态	Cd 腐殖酸结合态	Cd 铁锰结合态	Cd 强有机结合态	Cd 残渣态
最小值	0.0006	0.06	0.020	0.019	0.022	0.029	0.023
最大值	0.0117	0.26	0.105	0.072	0.045	0.081	0.236
平均值	0.0017	0.16	0.044	0.045	0.031	0.050	0.089
标准偏差	0.0026	0.048	0.022	0.016	0.006	0.015	0.054

测试单位：合肥岩矿测试中心。

对于大多数重金属来说，水是其在土壤环境中迁移的介质，也是发生作用的主要载体，重金属元素常以离子形式存在于溶液中进入生物体内并发生作用；离子交换态易被土壤溶液中的其他离子交换而进入土壤溶液，所以水溶态和离子交换态的比例越大，重金属进入生物体内的可能性越大，发生毒害的概率也就越高。一些学者将重金属的这两种形态并称为水溶交换态。

Cd 元素重金属不同形态分配比率见图 1-6。

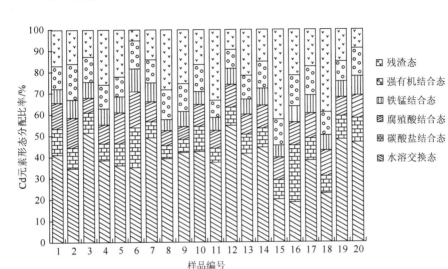

图 1-6　Cd 元素重金属形态分配比率

由图 1-6 可知，各样品中水溶交换态含量较高，除少数样品中水溶交换态 Cd 含量约为总量的 20%外，其余样品都达到了 40%左右，最高超过 50%。碳酸盐结合态、腐殖酸结合态和铁锰结合态 Cd 在各样品中占 Cd 总量的百分比比较接近，都为 5%~10%；强有机结合态和残渣态 Cd 占总量的 30%~40%。

对水溶交换态、碳酸盐结合态、腐殖酸结合态、铁锰结合态、强有机结合态、残渣态与土壤中 Cd 全量之间的相关性进行分析表明（表 1-4），它们之间具有显著或极显著的正相关关系。

表 1-4　研究 A 区土壤 Cd 全量与不同形态含量的相关性分析

	Cd 水溶交换态	Cd 碳酸盐结合态	Cd 腐殖酸结合态	Cd 铁锰结合态	Cd 强有机结合态	Cd 残渣态
Cd 全量	0.499*	0.453*	0.740**	0.634**	0.782**	0.577**

注：显著性水平，*表示 $p < 0.05$，**表示 $p < 0.01$（样品数 $n = 20$）。

上述分析表明，研究 A 区土壤 Cd 元素含量较高，因而其中的水溶交换态含量也相对较高，而且所占的比例也较高。因此，Cd 元素更容易通过土壤溶液进入农作物，这可能是研究区稻米 Cd 超标的重要原因。

2. 不同形态的含量与 pH、有机质含量的关系

土壤中重金属形态的变化受到 pH、Eh、有机质含量、CEC 和土壤胶体等多种因素的影响，其中最主要的影响因素为土壤 pH 和有机质含量（韦朝阳和陈同斌，2001；Zhao et al.，2010；张江华等，2014）。

土壤 pH 是土壤中影响元素化学行为及其有效性的重要因素，绝大多数情况下，随着土壤 pH 的降低，水溶交换态的增加，生物有效性也增加。相反，随着土壤 pH 升高，碱性条件的土壤溶液中 OH⁻增多，重金属离子形成难溶的氢氧化物、硫化物和碳酸盐的可能性也增大，使金属元素的生物有效性降低（骆永明，2009；杨忠芳等，2005a；莫争等，2002）。

土壤中有机质含量的高低，控制着土壤中重金属的地球化学行为，对土壤中重金属生态效应有着重要的影响（Pyatt et al.，2005）。有机质的螯合作用和自身的降解，不可避免地影响金属元素的转化和有效性。同时土壤有机质对土壤溶液中阳离子和阴离子具有很强的吸收能力。因此，重金属元素一方面容易被土壤有机质吸附而被固定，另一方面某些元素与土壤有机质形成的有机-无机化合物具有很高的活性，很容易以络合物的形式随土壤水迁移，并可能进入植物体（骆永明，2009）。究竟产生何种影响则与具体的环境条件密切相关。

对 Cd 各形态含量与土壤有机质含量、pH 等进行相关分析，结果见表 1-5。

表 1-5　研究 A 区 Cd 不同形态含量与 pH、有机质含量的相关性分析

	Cd 水溶交换态	Cd 碳酸盐结合态	Cd 腐殖酸结合态	Cd 铁锰结合态	Cd 强有机结合态	Cd 残渣态
pH	0.330	0.540*	0.740**	0.726**	0.680**	0.364
有机质含量	0.311	0.193	0.285	0.202	0.229	0.06

注：显著性水平，*表示 $p<0.05$，**表示 $p<0.01$（样品数 $n=20$）。

结果表明，除水溶交换态、残渣态含量与 pH 之间相关性不显著外，其余各形态含量与 pH 之间均为显著或极显著的正相关关系。因此，提高土壤的 pH 将显著提高碳酸盐结合态、腐殖酸结合态、铁锰氧化物结合态、强有机结合态的含量，从而降低水溶交换态的含量，也将降低土壤 Cd 的迁移性，减少农作物中重金属

元素的含量。因此，在研究区进行土壤 Cd 污染修复时，提高土壤 pH 是一个重要的途径。

有机质含量与 Cd 的不同形态含量之间均表现为正相关关系，但相关性不显著，这表明研究区土壤有机质含量对 Cd 元素形态的影响较小。

第三节　Cd 污染的生态效应及农产品安全风险

土壤中的 Cd 元素易被农作物吸收、积累，农作物是人体对环境 Cd 摄取的主要途径。水稻是我国最主要的粮食作物，它比其他农作物更易吸收和累积 Cd 等重金属，甚至被认为是 Cd 吸收最强的大宗谷类作物（Chaney et al.，2004）。水稻作为成都平原主产农作物之一，其中 Cd 含量富集程度、区域分布特征以及健康风险等问题引起了人们的高度关注（杨忠芳等，2008；金立新等，2008）。

水稻是两个研究区中主要的大宗农产品，种植面积大、产量高。本节重点对稻米中 Cd 元素的含量特征进行研究，另外对研究 B 区广泛种植的特色中药材——川芎中的重金属含量特征也进行了一些研究，以探讨在土壤-植物生态系统中 Cd 元素对农作物食品安全的影响。

一、稻米 Cd 元素含量及食品安全性评价

在 2014 年、2015 年分别采集稻米样品，对稻米中的 Cd、Se 等元素进行分析，统计结果见表 1-6。

表 1-6　研究区稻米 Cd、Se 元素含量（mg/kg）统计及食品安全评价结果表

研究区	研究 A 区				研究 B 区			
年份	2014 年		2015 年		2014 年		2015 年	
元素	Cd	Se	Cd	Se	Cd	Se	Cd	Se
最小值	0.14	0.041	0.10	0.037	0.23	0.032	0.16	0.035
最大值	0.67	0.131	0.63	0.069	3.82	0.085	2.93	0.058
平均值	0.33	0.074	0.42	0.051	1.50	0.054	1.45	0.045

续表

研究区	研究 A 区				研究 B 区			
年份	2014 年		2015 年		2014 年		2015 年	
元素	Cd	Se	Cd	Se	Cd	Se	Cd	Se
标准偏差	0.14	0.03	0.15	0.009	1.26	0.015	0.72	0.007
变异系数/%	44.28	39.44	35.99	17.91	83.86	26.77	49.78	14.83
Cd 超标率/%	73.3		93.33		100		93.33	
富硒大米/%		100		80		80		93.33

注: 每年度样品数 $n = 15$, Cd 超标率按照《GB 2762—2012 食品中污染物限量》标准评价,富硒大米按照《GBT 22499—2008 富硒稻谷》标准评价。

　　研究 A 区, 2014 年 15 件稻米样品 Cd 含量为 0.14～0.67mg/kg, 平均值为 0.33mg/kg, 变异系数为 44.28%。超过国家食品污染物限量标准的样品数为 11 件, 其 Cd 含量为 0.22～0.67mg/kg, 超标率达 73.3%, 其中有 27%的样品 Cd 含量在国家限量的 2 倍以上。2015 年 15 件稻米样品 Cd 含量为 0.10～0.63mg/kg, 平均值为 0.42mg/kg, 变异系数为 35.99%。14 件样品超过国家食品污染物限量标准, 其 Cd 含量为 0.25～0.63mg/kg, 超标率为 93.33%, 其中有 64.29%的样品 Cd 含量在国家限量的 2 倍以上。2014～2015 年 30 件稻米样品 Cd 含量频率分布见图 1-7, 稻米 Cd 含量达到国家食品安全标准的样品为 5 件, 超标的样品件数达 25 件, 超标率为 83.3%, 其中超过国家食品污染物限量标准 2 倍的达 36%, 3 倍及以上的达 12%。

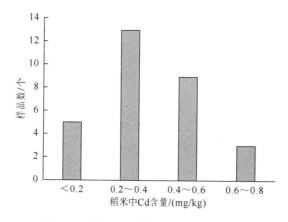

图 1-7　研究 A 区稻米 Cd 含量频率分布

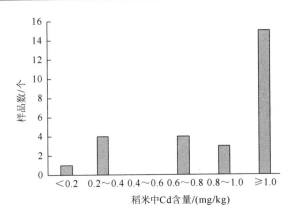

图 1-8　研究 B 区稻米 Cd 含量频率分布图

研究 B 区（图 1-8），2014 年 15 件稻米样品 Cd 含量为 0.23～3.82mg/kg，平均值为 1.50mg/kg，变异系数为 83.86%，全部样品均超过国家食品污染物限量标准，超标率达 100%，其中有 8 件样品 Cd 含量（1.21～3.82mg/kg）在国家限量的 5 倍以上，最高可达 19 倍。2015 年 15 件稻米样品 Cd 含量为 0.16～2.93mg/kg，平均值为 1.45mg/kg，变异系数为 49.78%。14 件样品超过国家食品污染物限量标准，其 Cd 含量为 0.65～2.93mg/kg，超标率为 93.33%，其中有 10 件样品 Cd 含量（1.4～2.93μg/g）为国家限量的 5 倍以上，最高可达 14.7 倍。2014～2015 年 30 件稻米样品 Cd 含量频率分布见图 1-8，2014～2015 年稻米 Cd 超标的样品件数达 29 件，超标率为 96.7%，其中超过国家食品污染物限量标准 2 倍的达 13.8%，3 倍及以上的达 86.2%。

从上述两个研究区稻米中 Cd 含量特征及食品安全性评价结果可以看出，稻米 Cd 含量普遍较高，超标严重，且不同年度的超标率相对较稳定，这表明土壤 Cd 污染已通过土壤-植物生态系统进入稻米，严重威胁了水稻的食品安全。因此，开展研究区 Cd 污染修复工作刻不容缓。相比较而言，研究 B 区无论是稻米 Cd 的超标率，还是超标程度，均明显地高于研究 A 区，直接的原因是研究 B 区土壤 Cd 污染程度相对更为严重。

需要指出的是，两个研究区稻米的 Se 含量均相对较高，研究 A 区稻米中 Se 含量为 0.037～0.074mg/kg，研究 B 区稻米中 Se 含量为 0.032～0.085mg/kg，80% 以上的样品达到国家富硒稻米标准（0.04mg/kg），为天然的富硒水稻。因此，如能采用有效方法控制稻米中的 Cd 含量，就能生产出优质的天然富硒水稻，极大提高农产品的经济价值，增加农民的收入。

二、川芎中 Cd 的含量特征及安全性评价

研究 B 区是四川省主要的川芎中药材道地产地之一，常年种植面积较大。研究中采集少量川芎样品（药用部分）进行 Cd 等元素分析，分析结果见表 1-7。

表 1-7　研究 B 区川芎分析结果对比表　　　　　（单位：μg/g）

样品编号	Cd	Pb	Zn	Se
SZW-04（C）-1	1.98	3.31	170	0.073
SZW-13（C）-1	2.39	3.69	187	0.046
SGT-03（C）-1	1.71	3.86	137	0.058

分析结果显示，3 件川芎样品 Cd 含量为 1.71～2.39mg/kg，平均值为 2.03mg/kg。按照《药用植物及制剂进出口绿色行业标准》（wm2—2001），全部样品的 Cd 含量均超过 0.3mg/kg 的行业标准，超标率为 100%，且全部样品 Cd 含量均在行业标准限量的 5 倍以上。3 件川芎样品 Pb 含量为 3.31～3.86mg/kg，平均值为 3.62mg/kg，全部样品的 Pb 含量均低于 5mg/kg，达到了药用植物的行业标准。上述情况表明，研究 B 区种植的川芎 Cd 含量超标较为严重，这将在一定程度上影响其安全性和经济性，阻碍特色中药材产业化发展，急需开展以 Cd 为主的土壤重金属污染修复工作，以保证特色中药材的安全性。

三、稻米的食物安全风险

稻米是四川大部分人群在食物结构中的重要部分，因此通过食用大米吸收 Cd 会对人群健康存有潜在的影响。前人对成都平原的 Cd 污染农田区生态安全性的研究中，仅考虑了粮食中 Cd 元素高含量可能带来的健康风险（杨忠芳等，2008；金立新等，2008）。近年来的研究发现，饮食中 Zn 的缺乏会提高动物乃至人体内 Cd 的毒害程度，因而在衡量环境 Cd 的潜在危害时提出了 Cd/Zn 指标（Chaney et al.，2004；Reeves et al.，2001)，将 Cd/Zn = 0.015 作为食品健康临界值。Chaney 等（2004）指出，Cd 毒害机制是渐进性地干扰体内肾代谢功能和骨骼形成，食物中 Cd 的潜在毒性不但与 Cd 含量有关，而且还取决于 Cd/Zn。稻米中高 Cd/Zn 值可大大提高 Cd 进入生物消化道后的生理毒害作用（Reeves et al.，2004），这也可能是亚洲由 Cd 导致的肾病大大多于以玉米、大豆为主要谷类食物来源的西方国家的原因（Simmons et al.，2003）。高 Cd 稻米及高 Cd/Zn 可能加剧 Cd 在体内长期积累，也是导致人类肾衰竭的病因之一（Chaney et al.，2004）。中国南方传统主食以稻米为主，其中有益元素 Zn 相对偏低，而在成都平原局部地区种植的稻米中 Cd 含量明显偏高，这极可能加大 Cd 对该区域人群健康的危害风险。

对两个研究区稻米中 Cd/Zn 进行分析，并分别参照世界卫生组织（WHO）和美国环境保护局（USEPA）推荐的成人 R_fD（Cd）值，结合当地居民平均食物消费结构，对研究区稻米的安全风险进行评价，为保障人们健康提供科学依据。

1. 稻米中 Cd、Zn 含量特征

两个研究区 2014～2015 年稻米中 Cd、Zn 含量及 Cd/Zn 统计见表 1-8。

表 1-8　稻米样品 Cd、Zn 含量（单位：mg/kg）及 Cd/Zn 变化范围

研究 A 区（样品数 n = 30）				研究 B 区（样品数 n = 30）			
元素	Cd	Zn	Cd/Zn	元素	Cd	Zn	Cd/Zn
最小值	0.100	15.0	0.005	最小值	0.16	17.05	0.009
最大值	0.67	24.26	0.033	最大值	3.82	38.65	0.144
平均值	0.376	18.7	0.020	平均值	1.48	24.47	0.057
标准偏差	0.154	2.33	0.008	标准偏差	1.01	4.35	0.033
变异系数/%	40.98	12.46	38.13	变异系数/%	68.38	17.76	57.97

注：食品健康临界值：Cd/Zn 为 0.015，据 Chaney et al.，2004；Reeves et al.，2001。

从表 1-8 中可以看出，研究 A 区 30 件水稻样品 Cd/Zn 为 0.005～0.033，平均值为 0.02，标准差为 0.008，变异系数为 38.13%，表明样品中 Cd/Zn 变化较大。有 70% 的样品超过了食物中 Cd/Zn 的健康临界值 0.015，最高可达 2.2 倍（图 1-9）。

研究 B 区，30 件水稻样品 Cd/Zn 为 0.009～0.144，平均值为 0.057，标准差

为 0.033,变异系数为 58%,表明样品中 Cd/Zn 变化较大。有 90%的样品超过了食物中 Cd/Zn 的健康临界值 0.015,其中 44.44%的样品超过了健康临界值的 4 倍,最高可达 9.6 倍(图 1-10)。

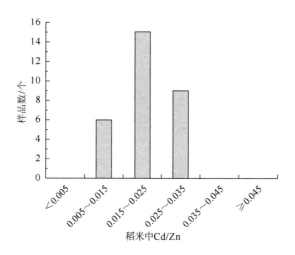

图 1-9　研究 A 区稻米 Cd/Zn 统计分布图

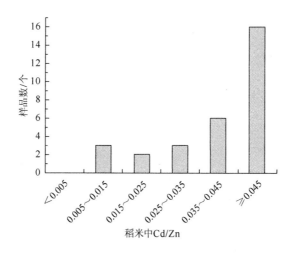

图 1-10　研究 B 区稻米 Cd/Zn 统计分布图

两个研究区中,Cd/Zn 超过食品健康临界值样品数最多,且超标程度最重的是研究 B 区,这主要受到土壤 Cd 污染程度的影响。与研究 A 区相比,研究 B 区

Cd 污染更为严重，稻米中 Cd 含量更高，超标更严重。研究区稻米的 Cd/Zn 超过健康临界值的比率，明显高于甄燕红等（2008）在国内部分市场随机抽取的 91 件稻米样品的 Cd/Zn 的超标率（10%），说明这两个研究区内稻米的 Cd 积累和 Zn 的相对缺乏问题在全国范围内是比较严重的。因此，应重视成都平原区具有 Cd 污染的水稻种植区 Cd 的潜在危害。

2. 稻米中 Cd、Zn 的关系

研究区稻米样品中 Cd 含量与 Cd/Zn 的关系如图 1-11 所示。可以看出，研究区稻米样品中 Cd 含量与 Cd/Zn 都呈显著的正相关，即稻米中 Cd 含量高其 Cd/Zn 就高，说明稻米对 Cd、Zn 吸收存在明显的差异，可能存在稻米在吸收 Cd 的同时影响甚至排斥对 Zn 的吸收的情况。周启星等（1994）通过盆栽实验研究了重金属 Cd-Zn 对水稻的复合污染和生态效应，结果表明 Cd-Zn 的相互作用导致稻米中积累更多的 Cd，而使 Zn 的累积量基本上处于减少状态。龚伟群等（2006）对江苏省 57 个水稻主栽品种的田间试验结果分析，得出稻米 Cd 吸收的同时表现出对 Zn 的排斥作用。Simmons 等（2003）在泰国大部分 Cd 研究区土壤种植水稻与大豆做对比实验，检验 Cd、Zn 在稻米中存移情况，结果显示 Zn 在稻米中的存移能力较差，其在稻米中的含量并没有随土壤环境中 Cd、Zn 浓度的增加而增加，这表明稻米粒吸收 Cd 的同时排斥 Zn。本书研究的 Cd 污染程度不同的土壤中稻米的 Zn 含量相差很小，也说明了这一现象。

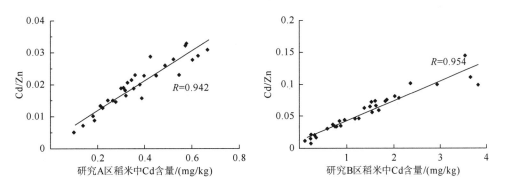

图 1-11　研究区稻米 Cd 含量与 Cd/Zn 的关系

3. 稻米的食品安全风险

分别参照 WHO 和 USEPA 推荐的成人 R_fD（Cd）值和当地居民平均食物消费结构，对工作区稻米的安全风险进行评价。WHO 规定成年人最大允许 Cd 摄入量（R_fD）（WHO，1999）为 7μg/(kg·d)，设重金属污染物通过土壤—植物—人体的途径的摄入量约为人体总实际摄入量的一半，按照普通人群平均体重60kg 计算，则一天每人最大允许 Cd 摄入量为 210μg。由于国际上对 Cd 的环境标准日益严格，USEPA 推荐的（R_fD）值（USEPA，2000）为 1μg/(kg·d)，由此计算出每人每日最大允许 Cd 摄入量仅为 30μg。诸洪达等（2000）对中国膳食组成及摄入量做了大量研究，得出四川省人均谷类消费量为 454.3g/（人·d）。金立新等（2008）按照成都平原区居民饮食习惯，居民谷类主食以大米、小麦为主，平均每天大米食用量约占 75%，小麦约占 25%，故成都平原区居民小麦食用量约为 113.58g/（人·d），大米食用量约为 340.72g/（人·d）。依据以上两种 R_fD，按照研究区稻米中 Cd 的平均含量，两个研究区稻米对人体 Cd 的暴露剂量及风险如表 1-9。

表 1-9　研究区就地消费人群 Cd 的潜在暴露剂量及风险

研究区	稻米 Cd 平均含量/(mg/kg)	Cd 暴露剂量/(μg/d)	暴露风险/%	
			WHO	USEPA
研究 A 区	0.38	129	61	430
研究 B 区	1.48	504	240	1680

注：暴露风险＝Cd 暴露剂量/每人每日最大允许 Cd 摄入量×100%。

由表 1-9 可以看出，两个研究区稻米 Cd 对当地消费人群均存在不同程度的潜在食物暴露风险。在研究 A 区，稻米 Cd 的潜在健康暴露剂量是 WHO 允许暴露剂量的 61%，是 USEPA 允许暴露剂量的 4.3 倍；在研究 B 区，稻米 Cd 的潜在健康暴露剂量是 WHO 允许暴露剂量的 240%，是 USEPA 允许暴露剂量的近 17 倍，已经十分严重。如果加上污染区小麦等其他食品的暴露剂量，两个研究区食物安全问题已经非常严重。

上述分析表明，成都平原 Cd 污染区稻米 Cd 食物暴露风险已非常严重，尤其对于就地消费的农民，这一问题必须引起足够的重视。当前在保障粮食安全稳产、高产的前提下，杂交水稻，特别是超级稻已成为我国稻米生产的主推品种。而杂交稻、超级稻具有更高的 Cd 累积能力（Shi et al.，2009；龚伟群等，2006），这种地区性 Cd 偏高的问题可能更为突出。成都平原是我国水稻主产区，土壤普遍为酸性，为了超级稻的安全推广，应针对成都平原土壤的环境特点，开展以 Cd 污染为主的土壤修复工作，从而降低稻米中 Cd 的含量，减少 Cd 的暴露风险，保障人民的身体健康。

第四节 水稻吸收 Cd 的地球化学控制因素

水稻是两个研究区主要的大宗农作物，不同年度稻米 Cd 含量监测表明，Cd 超标严重，分别可达 73.3%～93.33%、91.67%～100%。土壤 Cd 污染与水稻 Cd 超标是人们关注的土壤 Cd 污染的重要问题，前人已经做了大量相关研究（Li et al.，2005；张红振等，2010；Cui et al.，2008；叶新新和孙波，2012；范中亮等，2010；宗良纲和徐晓炎，2004；杨忠芳等，2005b）。控制稻米从土壤吸收 Cd 的主要地球化学因素或机理极为复杂，已有研究并没有完全解答土壤 Cd 富集影响稻米 Cd 吸收的所有问题，难以解释土壤中 Cd 超标而稻米中 Cd 不一定超标、稻米 Cd 超标而土壤 Cd 又不一定超标的现象（廖启林等，2015）。是什么地球化学因素控制着稻米中 Cd 元素的含量，从而造成食品超标这对于重金属污染土壤的修复具有十分重要的意义，是一个值得深入探讨的问题。因此，选择典型地区深入剖析水稻吸收 Cd 的地球化学控制因素十分必要。

本节以研究区内不同年度土壤与稻米中 Cd、Zn、Se 元素以及土壤的 pH、有机质含量等数据为依据，分析稻米从土壤中吸收 Cd 的地球化学控制因素，探讨土壤中这些元素富集对稻米相应元素吸收的影响，确定土壤中控制稻米 Cd 含量的地球化学因素，为土壤重金属的修复提供依据。

一、土壤 Cd 含量对稻米吸收 Cd 的影响

研究 A 区 2013～2015 年 40 件根系土-稻米样品中的 Cd、有机质量含量（Org）、

pH 分析结果见表 1-10，研究 B 区 2014～2015 年 28 件根系土-稻米样品中的 Cd、Org、pH 分析结果见表 1-11。

表 1-10　研究 A 区土壤（根系土）-稻米 Cd 等元素的分析结果

土壤						稻米				
样品编号	Cd	Zn	Se	Org	pH	样品编号	Cd	Zn	Se	BCF（Cd）
MGX-01	0.37	99.5	0.63	3.45	5.60	MZW-01	0.54	23.5	0.10	1.46
MGX-02	0.40	98.2	0.57	2.96	5.43	MZW-02	0.36	16.0	0.068	0.91
MGX-03	0.76	141	0.61	4.17	6.39	MZW-03	0.27	17.7	0.042	0.35
MGX-04	0.69	124	0.53	2.75	6.40	MZW-04	0.19	21.5	0.054	0.28
MGX-05	0.57	129	0.78	3.70	6.15	MZW-05	0.18	17.3	0.11	0.31
MGX-06	0.36	95.3	0.55	2.97	5.50	MZW-06	0.32	17.8	0.065	0.88
MGX-07	0.47	109	0.67	3.67	6.11	MZW-07	0.39	24.3	0.13	0.81
MGX-08	0.50	119	0.91	4.36	6.04	MZW-08	0.22	17.2	0.074	0.44
MGX-09	0.67	152	0.85	3.18	6.76	MZW-09	0.38	19.5	0.13	0.57
MGX-10	0.60	116	0.85	3.69	6.02	MZW-10	0.33	15.5	0.062	0.56
MGX-11	0.33	83.1	0.52	2.67	5.18	MZW-11	0.18	18.2	0.067	0.56
MGX-12	0.65	116	0.79	3.37	6.28	MZW-12	0.32	18.3	0.069	0.49
MGX-13	0.37	95.2	0.53	3.36	5.54	MZW-13	0.67	21.7	0.041	1.80
MGX-14	0.44	127	0.63	4.03	5.61	MZW-14	0.45	19.6	0.045	1.03
MGX-15	0.58	119	0.92	6.02	6.04	MZW-15	0.14	20.0	0.055	0.23
MGX-01（B）	0.49	112	0.61	3.22	5.95	MZW-01（B）	0.52	18.3	0.049	1.06
MGX-02（B）	0.33	92.2	0.45	2.75	5.81	MZW-02（B）	0.61	21.6	0.046	1.82
MGX-03（B）	0.77	154	0.53	3.50	7.06	MZW-03（B）	0.30	15.5	0.037	0.39
MGX-04（B）	0.67	112	0.53	3.21	6.36	MZW-04（B）	0.58	18.1	0.061	0.87
MGX-05（B）	0.60	133	0.70	4.01	6.09	MZW-05（B）	0.35	15.8	0.051	0.57
MGX-06（B）	0.38	96.8	0.47	2.88	5.88	MZW-06（B）	0.35	18.0	0.058	0.92
MGX-07（B）	0.50	121	0.60	3.68	6.42	MZW-07（B）	0.25	17.1	0.069	0.50
MGX-08（B）	0.43	101	0.66	3.89	5.80	MZW-08（B）	0.48	18.5	0.050	1.11
MGX-09（B）	0.69	153	0.72	4.00	6.78	MZW-09（B）	0.28	19.1	0.051	0.40
MGX-10（B）	0.54	121	0.65	4.04	5.99	MZW-10（B）	0.48	18.7	0.058	0.88
MGX-11（B）	0.33	96.0	0.45	3.09	5.50	MZW-11（B）	0.63	21.5	0.049	1.90

续表

土壤					稻米				
样品编号	Cd	Zn	Se	Org	pH	样品编号	Cd	Zn	Se	BCF（Cd）
MGX-12（B）	0.72	129	0.79	4.04	6.20	MZW-12（B）	0.43	15.0	0.060	0.60
MGX-13（B）	0.39	99.4	0.44	3.62	5.56	MZW-13（B）	0.40	17.2	0.038	1.04
MGX-14（B）	0.37	108	0.51	4.18	5.72	MZW-14（B）	0.58	17.8	0.038	1.58
MGX-15（B）	0.48	113	0.43	4.28	6.77	MZW-15（B）	0.10	20.8	0.051	0.20
ZW01	0.37		0.57	3.85	5.79	ZW01	0.62		0.10	1.68
ZW02	0.33		0.64	3.17	5.46	ZW02	0.53		0.088	1.63
ZW03	0.56		0.76	3.53	5.78	ZW03	1.40		0.12	2.48
ZW05	0.49		0.57	2.83	5.74	ZW05	0.66		0.085	1.35
ZW09	0.38		0.45	3.18	5.87	ZW09	0.35		0.068	0.92
ZW11	0.46		0.58	4.47	5.40	ZW11	0.65		0.071	1.42
ZW12	0.40		0.51	4.72	5.67	ZW12	0.31		0.065	0.78
ZW15	0.48		0.52	3.44	5.32	ZW15	0.42		0.068	0.88
ZW14	0.43		0.68	3.97	5.69	ZW14	0.11		0.046	0.26
ZW19	0.43		0.49	3.94	5.50	ZW19	0.84		0.045	1.96

注：Cd、Zn、Se 单位为 mg/kg，有机质含量（Org）单位为%，pH 及生物富集系数（BCF）无量纲。

表 1-11　研究 B 区土壤（根系土）-稻米 Cd 等元素的分析结果

土壤					稻米				
样品编号	Cd	Zn	Se	Org	pH	样品编号	Cd	Se	Zn	BFC（Cd）
SGX-01	1.28	174	0.56	3.02	6.03	SGX-01	0.74	0.055	22.0	0.58
SGX-02	1.17	181	0.50	2.66	7.09	SGX-02	0.34	0.060	21.9	0.29
SGX-03	1.10	213	0.30	2.20	5.57	SGX-03	1.84	0.085	25.3	1.67
SGX-04	1.40	244	0.37	2.64	6.00	SGX-04	1.54	0.032	28.2	1.11
SGX-05	2.87	252	0.44	3.61	5.30	SGX-05	0.23	0.036	21.3	0.08
SGX-06	0.54	89.2	0.26	1.52	6.17	SGX-06	0.97	0.060	23.6	1.81
SGX-07	3.85	427	0.33	3.11	5.53	SGX-07	0.23	0.041	24.4	0.06
SGX-09	1.75	186	0.26	1.64	6.12	SGX-09	2.07	0.051	26.0	1.18
SGX-10	2.80	306	0.34	3.05	5.44	SGX-10	3.55	0.066	24.7	1.27
SGX-11	1.50	208	0.34	2.25	5.28	SGX-11	1.26	0.075	28.5	0.84

续表

土壤						稻米				
样品编号	Cd	Zn	Se	Org	pH	样品编号	Cd	Se	Zn	BFC（Cd）
SGX-12	0.82	166	0.30	2.08	6.39	SGX-12	0.74	0.061	21.5	0.91
SGX-13	2.03	234	0.35	2.52	5.61	SGX-13	3.66	0.047	33.2	1.81
SGX-14	1.45	176	0.31	2.70	5.05	SGX-14	1.21	0.048	27.6	0.83
SGX-15	1.27	147	0.30	2.91	6.29	SGX-15	0.33	0.040	18.0	0.26
SGX-01（B）	1.21	216	0.49	2.49	6.52	SGX-01（B）	0.71	0.049	20.5	0.59
SGX-02（B）	1.33	234	0.48	2.79	8.01	SGX-02（B）	0.16	0.047	17.0	0.12
SGX-03（B）	1.02	228	0.32	2.08	5.71	SGX-03（B）	1.85	0.045	24.6	1.81
SGX-04（B）	1.49	282	0.27	2.73	6.26	SGX-04（B）	1.64	0.045	25.1	1.10
SGX-05（B）	2.11	282	0.31	3.05	5.78	SGX-05（B）	2.37	0.043	23.6	1.12
SGX-06（B）	0.65	121	0.24	2.14	5.86	SGX-06（B）	1.53	0.039	21.5	2.37
SGX-07（B）	3.15	370	0.25	2.33	5.59	SGX-07（B）	0.87	0.036	23.2	0.28
SGX-09（B）	1.04	186	0.26	1.79	5.34	SGX-09（B）	2.04	0.041	25.0	1.96
SGX-10（B）	2.15	288	0.29	2.61	5.64	SGX-10（B）	1.49	0.057	24.2	0.69
SGX-11（B）	1.39	207	0.23	2.32	5.43	SGX-11（B）	1.68	0.051	27.4	1.20
SGX-12（B）	0.71	157	0.22	1.87	6.07	SGX-12（B）	0.65	0.044	19.3	0.91
SGX-13（B）	1.71	240	0.26	2.68	5.85	SGX-13（B）	0.80	0.044	24.7	0.47
SGX-14（B）	0.98	161	0.25	1.94	5.19	SGX-14（B）	1.61	0.035	22.1	1.65
SGX-15（B）	0.85	122	0.30	2.69	5.83	SGX-15（B）	1.40	0.041	21.7	1.65

注：Cd、Zn、Se 单位为 mg/kg，有机质含量（Org）单位为%，pH 及生物富集系数（BCF）无量纲。

前人已经证实土壤中 Cd，特别是其有效态含量对稻米吸收 Cd 有显著影响（赵雄等，2009；Huang et al.，2013；Zhao et al.，2010；雷鸣等，2007；赵兴敏等，2009）。在研究 A 区，从稻米-根系土 Cd 相关性分析来看，若不限定土壤 pH 的范围，根系土 Cd 含量与稻米 Cd 含量之间无显著相关性（$R = 0.197$）（图 1-12）。考虑到研究区绝大部分土壤的 pH 均小于 6.5，因此选择土壤 pH≤6.0 的样本进行统计。结果表明，稻米 Cd 含量与根系土 Cd 含量之间存在显著正相关，相关系数 $R = 0.473$（$p < 0.05$，$n = 24$）（图 1-12），满足此条件的样点占总样品数的 60%。这说明土壤

Cd 对稻米 Cd 含量（或水稻吸收 Cd）有较大影响，但这种影响不是无条件的，只有当研究区内土壤环境为相对更为酸性时，土壤 Cd 与稻米 Cd 之间才存在显著正相关性。上述结果也表明，在该工作区进行土壤重金属污染修复时，更应该考虑选择土壤 pH 低于 6.0 的地块进行修复，这些地块土壤重金属更能引起稻米中 Cd 元素的超标。

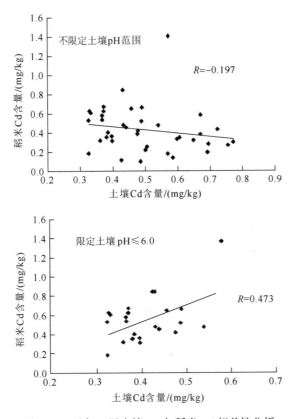

图 1-12 研究 A 区土壤 Cd 与稻米 Cd 相关性分析

研究 B 区，从稻米-根系土 Cd 相关性分析来看，若不限定土壤 pH 的范围，根系土 Cd 与稻米 Cd 之间无显著相关性（$R = 0.063$）（图 1-13）。考虑到研究区土壤 pH 的范围为 5.05～8.10，绝大部分为酸性土壤（pH≤6.5），因此选择土壤 pH≤6.5 的样品，分析土壤 Cd 含量对稻米吸收 Cd 的影响。统计分析表明，在土壤 pH≤6.5 的情况下，稻米 Cd 含量与根系土 Cd 含量之间存在显著正相关，相关系数 $R = 0.466$（$p < 0.05$，$n = 21$）（图 1-13），满足此条件的样点占总样品

数的 75%。这说明研究区土壤在酸性条件下，土壤 Cd 含量与稻米 Cd 含量之间才存在显著正相关性，土壤 Cd 对稻米 Cd 含量（或水稻吸收 Cd）有较大影响。上述结果也表明，在该区进行土壤重金属污染土地修复时，更应该考虑选择对土壤 pH 低于 6.5 的地块进行修复，这些地块土壤重金属更能够引起稻米中 Cd 元素的超标。

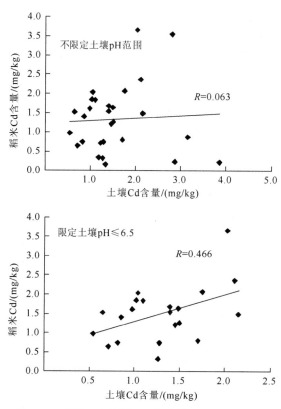

图 1-13　研究 B 区稻米 Cd 与土壤 Cd 相关性分析

二、土壤 pH 对稻米吸收 Cd 的影响

研究表明，农作物对土壤重金属的吸收受土壤酸碱度（pH）的影响（廖启林等，2013；刘丹青等，2013；杨忠芳等，2008）。对两个研究区土壤 pH 与稻米中 Cd 含量以及稻米 Cd 生物富集系数（BCF）之间的关系进行分析，以确定土壤 pH 对稻米中 Cd 含量的影响。

研究 A 区，相关性分析表明稻米中 Cd 含量、生物富集系数与土壤 pH 之间具有极显著的负相关（图 1-14、图 1-15），相关系数分别为 $R = -0.422$（$p < 0.01$，$n = 40$）、$R = -0.607$（$p < 0.01$，$n = 40$），这表明土壤 pH 将极显著地影响稻米 Cd 的含量以及生物富集系数，提高土壤 pH 将显著降低水稻中 Cd 的含量以及对 Cd 的富集程度。

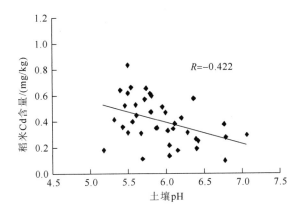

图 1-14　研究 A 区土壤 pH 与稻米 Cd 含量相关性分析

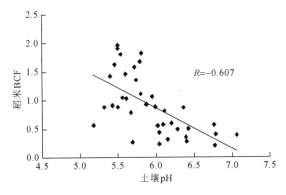

图 1-15　研究 A 区土壤 pH 与稻米生物富集系数（BCF）相关性分析

研究 B 区，相关分析表明土壤 pH 与稻米 Cd 含量、生物富集系数（BCF）有显著负相关（图 1-16、图 1-17），相关系数分别为 $R = -0.421$（$p < 0.05$，$n = 28$）、$R = -0.418$（$p < 0.05$，$n = 28$）。因此，土壤 pH 的高低会显著影响稻米对 Cd 的吸收，且 pH 升高将显著降低水稻中 Cd 的含量。

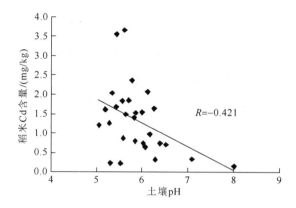

图 1-16　研究 B 区土壤 pH 与稻米 Cd 含量相关性分析

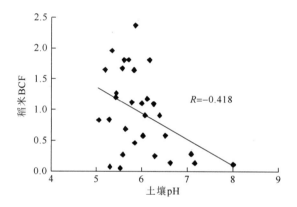

图 1-17　研究 B 区稻米生物富集系数（BCF）与土壤 pH 相关性分析

上述两个研究区，土壤 pH 与稻米中 Cd 元素含量及生物富集系数均呈显著、极显著的负相关关系。因此，提高土壤 pH 将显著地降低稻米中 Cd 的含量以及对 Cd 的富集程度，在研究区修复 Cd 污染土地，应防止土壤酸化，同时采取有效的途径提高土壤的 pH，达到降低稻米中 Cd 的含量，以保证食品安全。

三、土壤有机质含量对稻米吸收 Cd 的影响

土壤有机质含量同 pH 一样，也对稻米从土壤中吸收 Cd 具有一定影响。

研究 A 区，相关分析显示稻米 Cd、生物富集系数（BCF）与土壤有机质含量之间呈负相关关系（图 1-18，图 1-19），但相关性不明显，相关系数分别为 $R = -0.273$

（$n=40$）、$R=-0.250$（$n=40$）。因此，增加土壤中的有机质含量，在总体上会降低稻米中 Cd 的含量及 Cd 的富集程度。

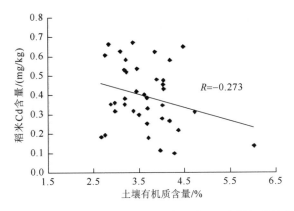

图 1-18　研究 A 区土壤有机质含量与稻米 Cd 含量相关性分析

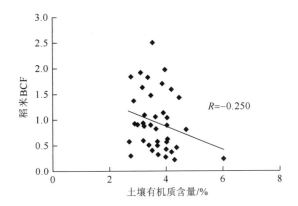

图 1-19　研究 A 区土壤有机质含量与稻米生物富集系数（BCF）相关性分析

　　研究 B 区，相关分析显示土壤有机质含量与稻米 Cd 含量、生物富集系数（BCF）之间具有显著、极显著的负相关性（图 1-20，图 1-21），相关系数分别为 $R=-0.424$（$p<0.05$，$n=28$）、$R=-0.592$（$p<0.01$，$n=28$）。因此，增加土壤中的有机质含量，可以抑制稻米吸收 Cd，会显著地降低稻米中 Cd 的含量。

四、土壤中 Zn、Se 含量对稻米吸收 Cd 的影响

　　土壤中的微量元素对农产品吸收重金属也有影响，研究比较多的微量元素有

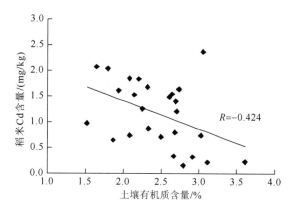

图 1-20　研究 B 区稻米 Cd 含量与土壤有机质含量相关性分析

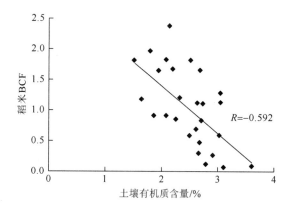

图 1-21　研究 B 区土壤有机质含量与稻米生物富集系数（BCF）相关性分析

Zn、Se，学者们认为它们之间的相互作用可以影响稻米对 Cd 的吸收（郑淑华等，2014；Lin et al.，2012；胡坤等，2011；张良运等，2009）。微量元素 Se 对稻米 Cd 吸收的影响已引起许多人关注，不同学者发现 Se 对稻米吸收 Cd 有明显的抑制作用（郑淑华等，2014；Lin et al.，2012）。

　　研究 A 区，相关性分析表明稻米 Cd 含量与土壤 Zn 含量之间具有显著的负相关关系，相关系数 $R = -0.372$（$p < 0.05$，$n = 40$）（图 1-22），说明在酸性土壤环境下，增加土壤 Zn 含量可以显著降低稻米从土壤中吸收 Cd。土壤 Se 含量与稻米 Cd 含量之间存在显著的负相关关系（图 1-23），相关系数 $R = -0.340$（$p < 0.05$，$n = 40$），说明土壤相对富 Se 可在一定程度上抑制稻米从土壤中吸收 Cd，从而降低稻米中 Cd 的含量。

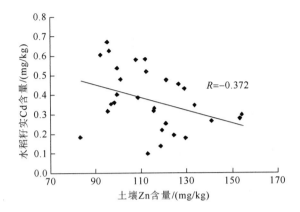

图 1-22 研究 A 区稻米 Cd 含量与土壤 Zn 含量相关性分析

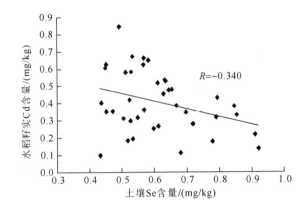

图 1-23 研究 A 区稻米 Cd 含量与土壤 Se 含量相关性分析

研究 B 区，相关分析表明稻米 Cd 含量与土壤 Zn 含量之间相关性不显著，相关系数 $R = -0.079$（图 1-24），说明土壤中 Zn 元素的高低对稻米中 Cd 的含量影响不大。土壤 Se 含量与稻米 Cd 含量之间存在显著的负相关关系（图 1-25），相关系数 $R = -0.492$（$p < 0.05$），说明土壤相对富 Se 可在一定程度上抑制稻米从土壤中吸收 Cd。

五、结论

对两个研究区稻米中 Cd 含量的地球化学控制因素的研究表明，在成都平原区 Cd 污染土壤稻米中 Cd 含量水平受土壤 pH、Se、Cd、Org 等指标或元素等多

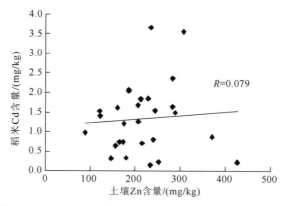

图 1-24 研究 B 区稻米 Cd 含量与土壤 Zn 含量相关性分析

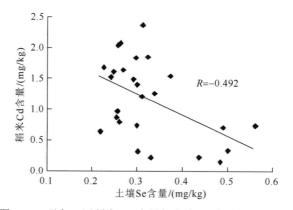

图 1-25 研究 B 区稻米 Cd 含量与土壤 Se 含量相关性分析

个地球化学因素所控制，但最主要的控制因素是土壤 Cd 含量和 pH。土壤 Cd 元素的含量虽然是引起稻米 Cd 超标的主要因素之一，但这种影响是有条件的，即只有在酸性土壤条件（研究 B 区）或相对更为酸性的条件下（研究 A 区），土壤中的 Cd 含量将显著地影响稻米中的含量，从而直接影响稻米的食品安全性。土壤 pH 是影响稻米吸收 Cd 的关键因素，一方面表现为只有在酸性或相对更为酸性的土壤条件下，土壤中的 Cd 含量才会显著地影响稻米中的 Cd 含量；另一方面，土壤 pH 与稻米中的 Cd 含量、生物富集系数有显著或极显著的负相关关系，稻米中 Cd 含量及对 Cd 的富集程度受到土壤 pH 的显著影响，提高土壤 pH 将显著地降低水稻中 Cd 的含量以及对 Cd 的富集程度。除了上述主要因素以外，土壤中有机质含量、Se 元素含量与稻米中 Cd 元素的含量之间存在负相关或显著的负相关，在一定程度上影响稻米中 Cd 元素的含量。根据稻米中 Cd 含量的地球化学控制因素，在成都平原 Cd 污染区进行土壤修复时，提高土壤 pH 是一个关键途径，同时增加土壤中有机质的含量，也将更好地降低稻米中 Cd 元素的含量水平。

第五节　Cd 污染的来源分析

造成土壤污染既有地质背景因素，也有现代环境因素，其中现代工业生产所排放的"三废"是造成局部土壤污染的重要原因。在土壤重金属污染修复治理中，如果不查明引起污染的原因，斩断污染来源，那么土壤修复将是无效的或是效果不显著的。

本节对研究区成土母质中重金属元素的含量特征进行研究，以查明引起土壤重金属污染的地质背景因素；采集大气降尘、灌溉水及肥料等样品，以分析引起土壤重金属污染的外部因素。通过对 Cd 元素来源的分析，为该地区土壤重金属污染修复治理提供依据。

一、成土母质

成土母质中重金属元素的含量，代表了地质背景因素对土壤重金属污染的贡献。在两个研究区通过对浅井中的土壤样品进行分析，以确定成土母质中 Cd 等重金属元素的含量以及随深度的变化情况。

在研究 A 区大致均匀地布置了 3 个浅井，浅井深度为 0.6~0.9m，大致按 20cm 的间距采集土壤样品。浅井中 Cd 等重金属元素随深度的变化情况见图 1-26。

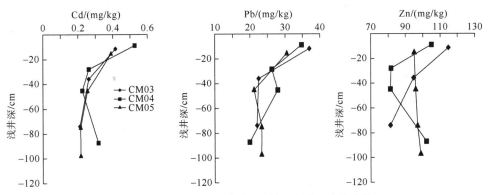

图 1-26　研究 A 区浅井中 Cd 等元素随深度的变化

从 Cd 等重金属元素含量的垂向分布来看，重金属元素中的主要富集在 0～20cm 的耕作层，该层之下重金属元素的含量明显降低。研究区浅井中深层土壤样品（浅井中砾石层之上的亚黏土层，取样深度 60～90cm）Cd 的含量为 0.182～0.225mg/kg，平均值为 0.205mg/kg。与大陆上地壳 Cd 含量 0.098mg/kg 相比，其富集系数为 2.09；与成都地区深层土壤样品 Cd 含量 0.15mg/kg（刘红樱等，2004）相比，其富集系数为 1.34，这表明其成土母质中 Cd 含量相对较高。虽然如此，研究区深层样品的 Cd 元素的含量在 0.20mg/kg 左右，基本上属于土壤环境的自然背景。

在研究 B 区的平坝区布置了 3 个浅井，浅井深度为 1.5～1.6m，大致按 20～40cm 的间距采集土壤样品。浅井中 Cd 等重金属元素随深度的变化情况见图 1-27。

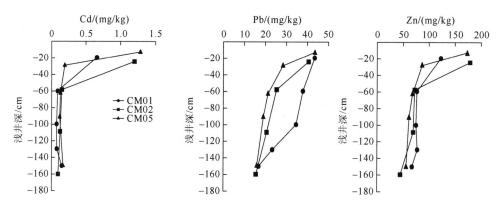

图 1-27　研究 B 区浅井中 Cd 等元素随深度的变化

从 Cd 等重金属元素含量的垂向分布来看，重金属元素主要富集在 0～20cm 的耕作层，该层之下元素的含量明显降低。研究 B 区 3 个浅井中深层土壤样品（浅井中砾石层之上的亚黏土层，取样深度为 1.4m 左右）Cd 的含量为 0.098～0.177mg/kg，平均值为 0.141mg/kg，高于大陆上地壳 Cd 含量，其富集系数为 2.09，与成都地区深层土壤样品 Cd 含量基本相当，但低于研究 A 区深层土壤样品中 Cd 的含量。

从上述两个研究区浅井中 Cd 等重金属元素的含量及随深度的变化情况来看，Cd 等重金属元素富集于表层土壤之中，代表地质背景的深层样品中含量显著降低，而且成土母质中 Cd 元素含量相对较低，基本上属于土壤环境的自然背景。因此，研究区土壤 Cd 污染主要是由人类活动的外部因素引起的。

二、Cd 元素的外源输入

大气干湿沉降、肥料和灌溉水及淤泥一直被认为是农田区污染物的主要来源。成都平原区农田土壤基本不使用淤泥作为肥料，因此外源 Cd 输入的主要途径为大气干湿沉降、肥料和灌溉水。研究中采集大气降尘、化肥及灌溉水等样品，以分析引起土壤重金属污染的外部因素。

1. 大气降尘

两个研究区所处的区域是磷化工分布集中区，磷化工所用的磷矿石主要来源于邻近的龙门山的磷矿。产于泥盆系中的磷矿具有很高的 Cd 含量，为 0.96～2.82mg/kg，平均值为 2.10mg/kg。磷化工厂在生产的过程中有大量的烟尘排出；研究 A 区内没有磷化工厂分布，但其附近有分布，研究 B 区附近有一个大型磷化工厂。因此，研究中采集大气降尘进行 Cd 等重金属元素的分析。

在研究 A 区采集 3 件近地表大气尘样品；在研究 B 区以磷化工厂为起点，在不同距离上采集 4 件近地表大气尘样品。Cd 等重金属元素分析结果见表 1-12。

表 1-12　研究区近地表大气尘重金属元素分析结果　　（单位：mg/kg）

研究 A 区				研究 B 区			
样品编号	Cd	Zn	Pb	样品编号	Cd	Zn	Pb
MJ-1	6.59	870	195	SJ-1	34.81	3046.63	375.81
MJ-2	6.02	1200	166	SJ-2	34.91	3226.04	566.77
MJ-3	3.17	650	70.5	SJ-3	82.64	7456.90	1865.94
				SJ-4	412.2	47481	4160.1
平均值	5.26	906.67	143.83	平均值	141.14	15302.6	1742.15

分析结果表明，研究 A 区大气尘中 Cd 的含量为 3.17～6.59mg/kg；研究 B 区大气降尘中 Cd 含量极高，为 34.81～412.2mg/kg，而且距磷化工厂越近，降尘中 Cd 含量越高。两个研究区大气降尘中 Cd 元素的平均值分别是当地土壤背景值的 10.82 倍、219 倍，具有很高的 Cd 含量，降尘进入土壤中将会造成土壤的 Cd 污染。

值得注意的是，研究 B 区大气降尘中不仅 Cd 元素含量极高，而且 Zn 元素也有很高的含量。

2. 灌溉水

在两个研究区分别采集 3 件、4 件灌溉水样品，Cd 元素分析结果见表 1-13。

表 1-13　研究区灌溉水 Cd 元素分析结果　　　　（单位：mg/L）

研究区	研究 A 区			研究 B 区			
样号	MS-1	MS-2	MS-3	SS-1	SS-2	SS-3	SS-4
Cd/（mg/L）	0.00092	0.00033	0.00073	0.00031	0.00026	0.00031	0.00016

分析结果表明，两个研究区灌溉水中 Cd 含量较低，均远低于国家《农田灌溉水质标准》（GB5084—2005）。

3. 肥料

施用化肥已成为当今农业生产中不可缺少的环节，施用化肥产生了一系列环境问题，如土壤酸化、土体板结、土体富营养化等，对土壤施用含重金属元素过高的化肥是土壤重金属超标不可忽视的原因之一。

两个研究区内普遍使用复合肥，采集当地农民经常使用的复合肥样品，对 Cd 等重金属元素进行分析，分析结果见表 1-14。

表 1-14　研究区复合肥中重金属元素分析结果　　　　（单位：mg/kg）

研究 A 区				研究 B 区			
样品编号	Cd	Zn	Pb	样品编号	Cd	Zn	Pb
MZFL01	0.64	36.5	8.76	SFFL01	1.13	97.3	2.18
MZFL02	0.60	49.6	2.25	SFFL02	1.14	97.5	3.38
MZ FL03	0.43	17.0	2.35	SF FL03	1.16	88.0	<2
				SFFL03	0.94	45.9	3.13
平均值	0.56	34.37	4.45	平均值	1.09	82.18	2.67

从表 1-14 中可以看出，上述两个研究区复合肥中 Cd 元素含量相对较高，研究 A 区复合肥中 Cd 元素含量为 0.43～0.64mg/kg，平均为 0.56mg/kg；研究 B 区复合肥中 Cd 元素含量显著高于研究 A 区，Cd 含量 0.94～1.16mg/kg，平均为 1.09mg/kg，其原因主要是当地农民施用的是附近磷化工厂生产的高 Cd 复合肥。

三、Cd 外源输入的贡献率

通过对研究区大气降尘、灌溉水及肥料等主要外源输入物中 Cd 元素含量的分析，根据研究区大气降尘量、灌溉水及肥料的用量等，计算不同外源输入对土壤 Cd 污染的贡献，以确定研究区引起土壤 Cd 污染的主要因素。

研究 A 区，大气降尘中 Cd 含量较高，Cd 的含量为 3.17～6.59mg/kg，平均值为 5.26mg/kg。按照成都市 2005 年大气降尘量 13.2t/（km^2·月）、研究 A 区 Cd 含量平均值 5.26mg/kg 计算，每年由大气降尘输入到土壤中的 Cd 为 8.33g/（ha·a）。灌溉水 Cd 含量为 0.00033～0.00073mg/L，平均值为 0.00066mg/L，按照《四川省 2006 年水资源公报》公布的数据，全省农田实灌亩均用水量 362m^3，折合 5430m^3/（ha·a）及灌溉水 Cd 平均含量 0.0029mg/L 计算，灌溉水每年输入到土壤中的 Cd 为 3.58g/（ha·a）。复合肥中 Cd 的含量为 0.43～0.64mg/kg，平均值为 0.56mg/kg，按每亩 40kg 施肥量及肥料中 Cd 的平均含量 0.56mg/kg 计算，通过肥料 Cd 的年输入量为 0.34g/（ha·a）。比较三种输入途径，农田土壤 Cd 污染的主要来源是大气降尘，相对贡献率为 68.0%，占主导地位，其次是灌溉水，相对贡献率为 29.2%，复合肥很小，相对贡献率为 2.8%（图 1-28）。

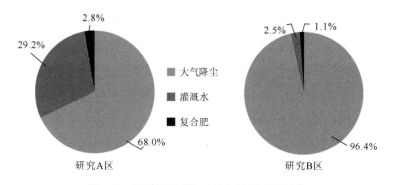

图 1-28　研究区外源 Cd 输入的相对贡献率

研究 B 区，大气降尘中 Cd 含量极高，Cd 的含量为 34.81～412.2mg/kg，由于样品中 Cd 含量变化很大，我们用最小值（34.81mg/kg）来计算该区大气降尘的最小输入量；灌溉水 Cd 含量为 0.00016～0.00031mg/L，平均值为 0.00026mg/L；复合肥中 Cd 的含量为 0.94～1.16mg/kg，平均值为 1.09mg/kg。按照与研究 A 区相同的大气降尘量、灌溉水及肥料的用量，计算出该区大气降尘输入到土壤中的 Cd 为 55.14g/（ha·a），灌溉水 1.41g/（ha·a），复合肥为 0.65g/（ha·a）。比较三种输入途径，农田土壤 Cd 污染的主要来源是大气降尘，相对贡献率为 96.4%，占绝对主导地位，其次是灌溉和施肥，两者所占比例均很小，相对贡献率分别为 2.5%、1.1%。

杨忠芳等（2008）对成都经济区大气干湿沉降、肥料和灌溉水等外源 Cd 的输入通量进行了研究，由大气干湿沉降物输入到农田生态系统中的 Cd 高达 19.42g/（ha·a），占总输入通量的 89.20%，而灌溉水与化肥的年输入通量分别仅为 1.54g/（ha·a）和 0.81g/（ha·a），大气干湿沉降是成都经济区农田生态系统外源 Cd 的主要输入途径。与整个成都经济区相比，研究 A 区大气降尘 Cd 的输入量显著低于成都经济区降尘的 Cd 通量，而研究 B 区却远高于成都经济区降尘的 Cd 通量，这表明研究 B 区大气降尘的 Cd 通量在包括成都平原在内的整个成都经济区内，都具有很高的通量，也说明该研究区受到磷化工厂废气、烟尘的污染程度极高。

四、结论

两个研究区，代表地质背景的深层土壤样品中 Cd 元素的含量都相对较低，基本上属于土壤环境的自然背景；Cd 等重金属元素集中于表层土壤之中，向深部含量明显降低，这表明研究区 Cd 污染主要由人类活动的外部因素引起。

对大气降尘、灌溉水和肥料等外源输入物 Cd 元素的含量研究表明，在三个 Cd 外源输入物中，大气降尘中 Cd 元素含量高，特别是研究 B 区大气降尘中 Cd 具有极高的含量，年输入通量达 55.14g/(ha·a)以上，研究 A 区相对较低，为 8.33g/(ha·a)，大气降尘相对贡献率分别为 96.4%、68.0%，占有绝对的主导地位，大气降尘是造成研究区土壤 Cd 污染的主要因素，而大气降尘主要来源于磷化工厂废气、烟尘。

　　针对研究区造成土壤 Cd 污染的主要因素，在进行土壤 Cd 污染修复时，必须对磷化工厂进行环境治理，改进生产工艺，减少烟尘的排放，以斩断大气降尘的污染来源，防止土壤 Cd 污染程度进一步加重。

第二章　重金属污染农田原位钝化修复

重金属钝化（稳定化）是指利用化学、生物等措施改变重金属污染物在土壤中的化学形态或赋存状态，从而降低重金属的生物有效性和迁移性，减少植物对重金属的吸收，主要以化学固定法为代表（Guo et al.，2006）。其基本原理是在修复过程中向土壤中添加重金属钝化剂，如黏土矿物、磷酸盐、有机物料、微生物等，通过改变土壤理化性质（有机质含量、矿物组成、pH 和 Eh 等）提高重金属在土壤中的吸附容量，或者直接与重金属作用形成溶解度小的络合物或沉淀（谭长银等，2009）。

相对于各种工程修复措施，原位钝化技术具有较低的成本，而相对于生物修复，其又具有较高的修复效率（Dermont et al.，2008；Karami et al.，2011）。对于大面积轻中度污染农田，原位钝化技术可以实现边生产边治理，非常符合我国人多地少、污染土壤分布较为广泛的实际情况，因此此技术在我国得到了广泛的研究。从 20 世纪 80 年代到现在，辽宁、江苏、福建、湖南、江西、广西、广东、四川等地相继开展了重金属污染农田的原位钝化修复研究，有效地降低了粮食和蔬菜中的重金属含量（陈涛等，1980；吴燕玉等，1989；杨亚鸽等，2013；李媛媛等，2013；林鸾芳等，2014）。这些研究推动了我国重金属污染农田的原位钝化修复技术的发展，也为本研究的开展提供了宝贵经验。

第一节　钝化剂的选择及试验方案

一、钝化剂配方的选择依据

由第一章的调查结果可知，两个研究区受 Cd 污染的农田土壤为酸性，污染程度较高，稻米及川芎 Cd 含量普遍超标且研究 B 区超标程度严重。土壤-水稻系统中 Cd 的迁移转化与吸收受到土壤 Cd 全量，以及 pH、有机质含量等多种地球化学因素影响，其中土壤 Cd 全量在一定的 pH 范围内直接决定稻米中 Cd 元素含量，pH 与稻米中的 Cd 含量、生物富集系数有显著的负相关关系。这主要是因为 pH 会影响 Cd 元素的形态，提高 pH 将降低土壤中 Cd 的生物有效性。有机质含量与稻米中 Cd 元素的含量之间同样存在负相关关系，在一定程度上影响稻米中 Cd 元素的含量。因此，在成都平原 Cd 污染区进行土壤修复时，提高土壤 pH 是一个关键途径，而增加土壤中有机质的含量，也将更好地降低稻米中 Cd 元素的含量水平。

欲达到以上调节土壤 pH 和有机质含量的目的，所用钝化剂的成分至关重要。单独采用一种钝化剂虽然可以降低重金属元素的生物有效性，但往往会抑制土壤其他元素，如 Zn、Ca、Mg 等必需营养元素的吸收，如果用量过大还可能导致农作物减产，其对重金属元素固定的持续性效果也较差（Chaney et al.，2004）。因此研究者将不同钝化剂进行配合使用，如吴燕玉等（1989）、陈涛等（1980）在沈阳张士灌区采用石灰和钙镁磷肥配合使用，使 5000 余亩的试验田中稻米 Cd 含量下降了 30%～50%，同时增产达 14%。Bailey 等（1999）的研究表明石灰和有机肥配施能够显著降低小油菜中 Cd 和 Zn 的含量，同时增加产量，且其效果较为持久，能够维持三季以上。多种钝化材料配合使用时，不同性质的钝化剂取长补短，有机质能够缓冲无机化学钝化剂所带来的土壤性质过度变化，改善土壤结构；无机钝化剂则可以与有机质相结合，减缓有机物的分解速度，使钝化效果更加持久（Cao et al.，2009）。多种钝化剂配合使用的优点不仅在于提高修复效果，还能够降低钝化剂单独使用时对土壤产生的不良影响，如石灰和钙镁磷肥，以及磷酸二氢钙和碳酸钙配合使用能够显著降低土壤中 Cd 和 Pb 的活性，同时避免土壤 pH 的过度变化（Wang et al.，2001；van Herwijnen et al.，2007）。

因此，从土壤修复效果方面考虑，本研究采用多种成分配合的钝化剂；从修复成本方面考虑，这些物质在试验区内应容易获得；从环境影响方面考虑，钝化剂不能对土壤性质和周围环境产生明显的不良影响。即本研究所使用的重金属钝化剂要在有效性、适应性、安全性以及经济性等方面优势明显，为今后大规模 Cd 污染土地修复治理工程的开展提供可靠的技术支撑，真正使 Cd 污染农田修复治理做到经济高效、环境友好、易于推广。

二、钝化剂配方的组成

基于上述对研究区土壤-稻米系统中 Cd 的迁移转化与吸收积累的控制因素，以及复合钝化剂优势的分析，结合国内外土壤重金属修复的研究成果，本次 Cd 污染土壤修复试验将选择石灰、钙镁磷肥、膨润土以及生物质炭作为钝化剂的配方物质。

石灰为碱性物质，主要是通过提高土壤 pH，促进重金属的吸附和沉淀（Castaldi et al.，2005）。钙镁磷肥含有多种成分，同样可以提高土壤 pH，其中的磷酸根、硅酸根等可以与重金属离子产生沉淀，减少植物的吸收量（钱海燕等，2007）。一般来说农田中钙镁磷肥的施用量不宜过大，以 15～25kg/亩为宜，这使其在土壤修复中的应用受到一定限制，因此本试验设计了添加和不添加钙镁磷肥的两组配方（见本章第二节）。膨润土具有较大的表面积，对重金属离子具有较强的吸附作用，是一种成本较低的重金属钝化材料（Guo et al.，2006）。生物质炭是生物质原料在完全或部分缺氧条件下高温热解后的固体产物，它具有丰富的孔隙结构和较高的碳含量。该物质具有巨大的表面积和较强的阳离子交换能力，对受污染土壤中的重金属和有机物都具有很强的吸附能力，能有效地降低这些污染物的生物有效性和在环境中的迁移能力（Mukherjee et al.，2011；Beesley et al.，2010）。生物质炭一般呈碱性，在酸性土壤中施加生物质炭可以降低土壤的酸性，提高土壤 pH，降低重金属在土壤中的移动性（Rees et al.，2014）。生物质炭还对土壤中养分具有保持功能，不仅能减少肥料使用量，降低生产成本，还可以减少土壤氮素淋失（Lehmann et al.，2011）。相较于传统的化学钝化剂，不仅能够降低重金属的生物有效性，而且能够改善土壤结构，增加土壤肥力，并有效利用废弃生物质（陈温福等，2011；陈温福等，2013；潘根兴等，2010），这些优良性质使生物质炭在重金属污染土壤的原位钝化修复中得到了广泛应用。

石灰、钙镁磷肥和膨润土是效果良好的、常用的土壤修复材料，而且这些物质在试验区内容易获得，能够降低修复成本。生物质炭以农作物秸秆为原料生产，成都平原农业生产活动每年要产生大量的小麦、水稻及油菜秸秆，是农业生产中的主要废弃物，由于没有有效的利用途径，焚烧几乎是以前处理这些秸秆的唯一途径，这造成了较为严重的环境污染。近年来各级政府采取了严厉措施禁止焚烧秸秆，但并未给出真正有效的秸秆利用途径，因此难以从根本上解决这一问题。将秸秆采用热解技术制成的生物质炭应用于 Cd 污染土壤修复，将对成都平原区秸秆的综合利用、环境保护以及推动秸秆热解炭化产业化具有十分重要的现实意义。

三、钝化剂配方物质的成分分析

本次研究所用石灰和膨润土分别产自于四川省德阳市和三台县；钙镁磷肥由湖北省钟祥市金山集团钟洋磷化有限公司生产，有效 $P_2O_5 \geqslant 12.0\%$（GB20412—2006，XK13-002-00234）。三种物质的重金属元素分析结果见表 2-1，其中的重金属元素含量远低于国家《土壤环境质量标准（GB 15618—1995）》中规定的一级标准，因此进入土壤后不会影响土壤环境质量。三台县的膨润土为钙基膨润土，资源储量大，品质较好，价格低廉，矿物成分以蒙脱石为主（90%左右），含少量呈薄膜状不规则分布的褐铁矿-水赤铁矿及数量不等的石英、长石，pH 为 8.1，阳离子交换量（CEC）44.3cmol（+）/kg。

表 2-1　钝化剂材料重金属分析结果　　　　（单位：μg/g）

	Cd	Pb	Cr
石灰	0.10	3.63	11.3
钙镁磷肥	0.048	6.85	47.2
膨润土	0.052	22.9	60.3

测试单位：成都综合岩矿测试中心。

生物质炭由绵阳市游仙区魏城镇的油菜、小麦等农作秸秆在 500℃下热解生成，热解后的生物质炭过 60 目筛。对其比表面积、形态特征、重金属含量以及 K、N、C 等的含量进行分析（表 2-2）。结果表明，生物质炭的比表面积为 45.1m²/g，扫描电镜下观察到生物质炭具有明显植物组织特征，其上孔洞细小，分布不均匀（图 2-1）。

表 2-2　生物质炭的分析结果

Cd/（μg/g）	Pb/（μg/g）	K/%	N/%	C/%	比表面积/（m²/g）
0.56	13.95	2.68	0.88	57.30	45.16

测试单位：西南科技大学测试中心。

 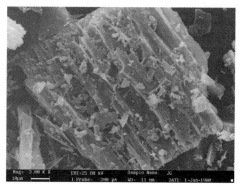

图 2-1　生物质炭的显微形貌

四、技术路线

目前，国内外关于重金属钝化修复的研究已有很多，但钝化剂对重金属污染土壤修复的作用因环境条件、土壤性质及污染物类型等不同有很大的差异，因此不能将现有的研究成果简单地套用在本次选择的工作区内；且大部分研究还处于实验室阶段，从实验室到农田系统的推广试验研究还比较少。因此，本次研究需要解决的重点问题是根据成都平原区具体的污染类型、用地类型及环境条件，探索出一套适合研究区的，并对四川省类似地区具有示范意义的环境友好、经济高效、易于推广的 Cd 污染土地钝化修复技术与方法。关键技术在于钝化剂材料的研制，包括钝化配方各成分比例以及配方效果的持久性、经济性、可操作性等。

本试验主要针对成都平原区北东部典型 Cd 污染农田土壤，首先通过钝化剂预试验初步确定钝化剂的用量和大概配方，再通过水稻盆栽试验、大田试验确定其实际应用效果，分步筛选出符合研究区实际情况的土壤钝化剂配方及用量，以较低的成本控制土壤中 Cd 的生物有效性，保证食品安全。研究技术路线见图 2-2。

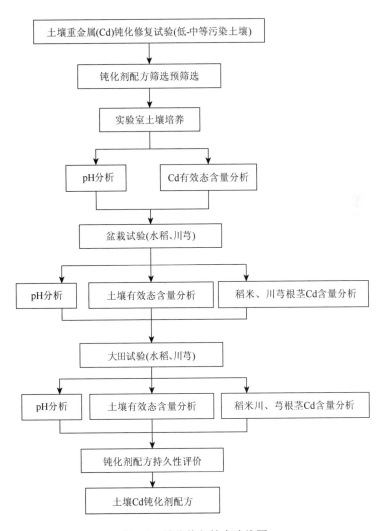

图 2-2　钝化修复技术路线图

对于试验所采用的钝化剂配方的筛选，以是否显著地降低了土壤中 Cd 元素有效态的含量、是否显著地降低了农作物（稻米、川芎根茎）中 Cd 元素的含量作为标准，检验钝化剂配方的修复效果，逐步筛选出钝化修复效果较好的钝化剂配方。

第二节　钝化剂初步筛选-培养试验

一、实验方法

1. 供试土壤

根据两个研究区土壤中 Cd 的含量特征，选取不同污染程度的三个点位，代表两个研究区的重金属污染情况。供试土壤编号和 Cd 含量见表 2-3。

表 2-3　供试土壤编号及 Cd 含量

地点	土壤编号	Cd 含量/（mg/kg）
研究 A 区	MGT-1	0.35
	MGT-3	0.5
	MGT-4	1.4
研究 B 区	SGT-1	1.11
	SGT-2	2.77
	SGT-3	1.18

在所选取的地块中按对角线法布点，取表层土壤（0～20cm），采集 5～6 点组成一个样品，以保证样品的均匀性和代表性。土样经充分混合后风干，过 1mm 筛，去除植物根系、碎石等杂质备用。

2. 培养试验配方及方法

本研究的配方分为不添加钙镁磷肥（第一组）和添加钙镁磷肥（第二组）两组。第一组配方由不同水平的石灰（0.05～0.25g）、膨润土（0.05～0.3g）或生物质炭（0.5～2g）组成，其中 1 号为对照实验，即不添加任何钝化剂成分；2～5 号配方由膨润土和生物质炭组成，未添加石灰；配方 6、11、16、21 由石灰和生物质炭组成；配方 12、20 和 23 由石灰和膨润土组成；其余配方则同时含有这三种成分。第二组配方在本单位 2013 年田间试验验证有效的石灰+钙镁磷肥（0.12g+0.0225g）配方（1 号配方）基础上，添加膨润土或生物质炭，以期增强其修复效果。其中 3、5、8 号配方只添加 0.5～2g 生物质炭；而 6、11、14、16 号配方则仅添加 0.05～0.25g 膨润土；其余配方中添加了 0.05～0.3g 膨润土和 0.5～2g 生物质炭。

将以上钝化剂分别与 150g 土壤样品充分混合，加去离子水至田间持水量，25℃下培养 7 天，用 $MgCl_2$（$1mol\cdot L^{-1}$，$pH = 7.0$）提取土壤中有效态 Cd，并测定 pH。采用方差分析考察各配方处理结果间的差异，以及钝化剂中各成分对土壤 pH 和 Cd 有效态含量的影响（仅考察主效应）。水稻在 pH 为 4～9 的土壤上都可生长，但最适宜的土壤 pH 范围为 6～7，从控制土壤中 Cd 生物有效性和水稻生长的角度考虑，可以选择将土壤的 pH 调节到 6.5～7.5，并选择能够有效降低土壤中 Cd 有效态含量的配方用于盆栽试验。

二、实验结果分析

1. 不同钝化剂配方对土壤 pH 的影响

两组配方对土壤 pH 的作用如图 2-3 所示。图中，数字 1～25 分别对应 1～25 号配方，配方中 1 未添加钝化剂，为空白实验。

由图 2-3 可知，对于第一组配方，配方 2～12 加入土壤后，与对照组比较，6 种土壤的 pH 上下略有波动，其中 MGT-1、MGT-4 和 SGT-3 的 pH 随着配方中膨润土和生物质炭量的增加而略有增加，但总的来说配方 2～12 中大部分没有使土壤 pH 产生明显变化，这与配方中未添加石灰或添加量较小有关。当配方 13～25 加入土壤中，除 MGT-3 以外，其他土壤 pH 基本呈现明显的增加趋势。方差分析结果表明，第一组配方中石灰对两个研究区的 5 处供试土壤（除 MGT-3 外）pH 的影响均达到极显著水平（$p < 0.01$），而膨润土和生物质炭对土壤 pH 的影响作用有限，分别仅对 MGT-1 和 SGT-1，以及 MGT-4 的影响显著（$p < 0.05$）。可见，对于大多数土壤，石灰是改变土壤 pH 的决定性因素，膨润土和生物质炭仅对个别土壤作用明显。但由图 2-3 可见，当石灰与膨润土或生物质炭共存时，一些土壤的 pH 会显著升高或者下降，当钝化剂的用量较高时，这种变化尤为明显，这可能是因为石灰与膨润土、或石灰与生物质炭、或三者之间存在复杂的交互作用，使得在某些钝化剂添加量的情况下，土壤 pH 产生复杂的变化。

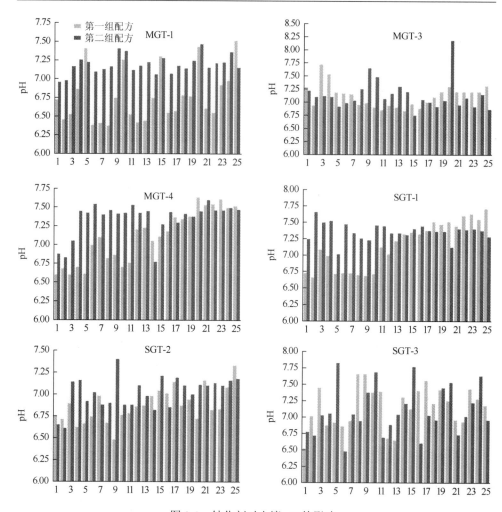

图 2-3　钝化剂对土壤 pH 的影响

与第一组配方相比较，当第二组配方中石灰的加入量大于第一组配方时，第二组配方处理土壤的 pH 大都明显高于第一组；而随着第一组配方中石灰加入量的增加，两组土壤样品 pH 逐渐接近。由于第二组配方中都添加有等量的石灰和钙镁磷肥，所以土壤 pH 变化总体上较为平稳，当配方中的膨润土和生物质炭含量增加时，土壤 pH 有所增加。但是统计分析结果表明，膨润土和生物质炭对几乎所有土壤（除了 MGT-1）pH 的影响不显著（$p > 0.05$），即土壤 pH 的变化主要由石灰、钙镁磷肥决定 2013 年田间试验结果。同样，第二组土壤 pH 会随配方中各成分用量的不同产生一定波动，所以石灰、钙镁磷肥与膨润土和生物质炭之间可能存在显著的交互作用，从而对土壤 pH 产生影响。

2. 不同钝化剂配方对土壤 Cd 有效性的影响

不同配方对 6 种土壤 Cd 有效性的影响见图 2-4。第一组大部分配方可以使土壤 Cd 有效性降低，总的来说随着配方中石灰、膨润土和生物质炭含量的增加，土壤 Cd 的有效性明显下降。方差分析表明，土壤 Cd 有效性主要受石灰和生物质炭含量的影响（$p < 0.05$），而膨润土对 Cd 有效性的作用十分有限（$p > 0.05$）。对

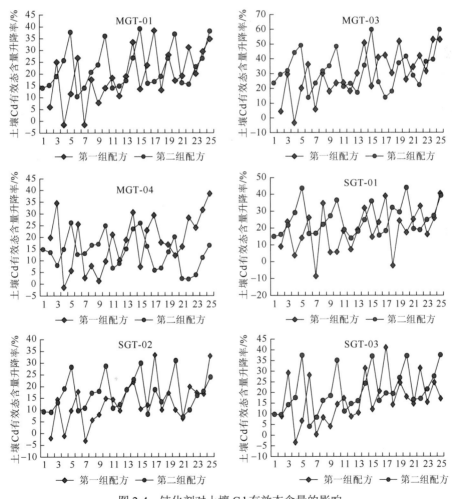

图 2-4　钝化剂对土壤 Cd 有效态含量的影响

于所有土壤，配方 13、16、21、23、24 均可使 Cd 的有效性下降 25%～50%，这些配方中都含有较高的石灰或生物质炭，或二者含量都处于较高水平。

第二组配方同样可以使土壤中 Cd 的有效性下降，其中生物质炭仍然是 Cd 有效性变化的决定性因素（$p < 0.01$)，而膨润土含量的变化只对 MGT-4 和 SGT-3 影响显著（$p < 0.05$)。对于所有土壤，配方 4、9、14、24 能够使 Cd 有效性下降 15%～50%，相对于其他配方，这些配方中生物质炭都达到了最高添加量（2g）。

两组配方相比较，当第一组中石灰的添加量较第二组少时，其控 Cd 的效果明显低于第二组；但随着石灰添加量的增加，第一组配方逐渐表现出优于第二组的性能，尤其是在石灰和生物质炭的含量都较高的情况下，第一组配方比第二组配方使土壤 Cd 的有效性多下降 5%～10%。对于控 Cd 效果良好的第一组配方中的 13、23、24 和第二组配方的 19 中都含有较高含量的膨润土，说明膨润土控 Cd 作用虽然有限，但其与其他配方组分的交互作用可能显著降低 Cd 的有效性。

以往的研究已经证实，土壤 pH 与重金属的生物有效性密切相关，一般随着 pH 的降低，土壤中重金属的水溶态和离子交换态含量增加，即其迁移性提高，易被植物吸收；而随着 pH 的升高，水溶态和离子交换态的重金属会形成沉淀，吸附于矿物表面，或与矿物和有机质结合而降低其有效性（Castaldi et al.，2005）。

石灰为碱性物质，经常作为重金属钝化剂添加到土壤中，以提高土壤的 pH，促进重金属形成氢氧化物沉淀，并向铁锰氧化物结合态、有机结合态和残渣态转变，降低重金属的生物有效性（陈宏等，2004）。且石灰中包含的 Ca 离子参与竞争植物根系吸收，从而抑制植物对重金属的吸收，减小重金属对植物的毒害作用（Warren et al，2003）。因此，适当添加石灰能提高土壤 pH 而对重金属起到良好的固定效果。预实验的结果表明，在所有配方成分中，石灰对提高土壤的 pH 起决定作用，随着石灰用量的增加，土壤的 pH 逐渐提高。

钙镁磷肥是一种含磷酸根的碱性多元素肥料，可以看作是成分复杂的磷酸盐，因此其固定重金属的反应机理也十分复杂。一般认为其中的磷酸盐、硅酸盐等可以诱导重金属吸附、与重金属生成沉淀或促进重金属向低活性形态转变，其加入污染土壤后，能够提高土壤 pH，降低 Cd、Pb、Cu、Zn 等重金属的有效态含量（张良运等，2009；Wang et al.，2001），实际应用中常与石灰或其他有机物料共同使用，可以有效控制土壤中重金属的生物有效性，即使对重金属严重污染的土壤也有良好的修复效果（李瑞美等，2002；李瑞美等，2004；吴燕玉等，1989）。

生物质炭一般呈碱性，是近些年来备受关注的重金属钝化材料和土壤改良剂，它可通过两方面的效应对土壤有效态重金属产生影响，一方面是生物质炭本身含有大量碱性物质，如碳酸钾、碳酸钠和氧化钙、氧化镁等（Villaescusa et al.，2004），在较高的用量下（3%～10%土壤干重）可以显著降低 Cd、Pb 等重金属的生物有效性，其重要原因是提高了土壤的 pH，降低了重金属的活性（袁金华等，2011；Bian et al.，2014；Ahmad et al.，2012）。另一方面生物质炭具有较大的比表面积和较强的吸附能力，可以直接吸附污染土壤中的重金属（Chan et al.，2008）。生物质炭表面具有大量的负电荷和有机官能团，可与金属离子发生配位络合（Blaylock et al.，1997）。这些性质决定了生物质炭可以通过吸附、离子交换、螯合、配位等作用降低土壤中重金属的活性。在本研究中，可以观察到随着生物质炭用量的增加，土壤中 Cd 的有效态含量显著下降，这与前人的研究结果相似。

膨润土是以蒙脱石为主要成分的黏土矿物，阳离子交换能力很强，对 Cd^{2+}、Cr^{2+}、Cu^{2+}、Pb^{2+} 和 Zn^{2+} 等重金属离子都具有较强的吸附能力，其吸附作用强于土壤矿物；且其对重金属的吸附作用与 pH 密切相关，随着 pH 的增加，其对重金属离子的吸附能力随之增加，吸附率也急剧升高（章萍等，2013；Abollino et al.，2003；Barbier et al.，2000；Fushimi，1980）。因此本实验中石灰、钙镁磷肥和生物质炭均可通过提高土壤 pH 而提高膨润土对 Cd 的吸附作用。

综合以上分析，土壤 pH 的调节对重金属的生物有效性具有重要作用，虽然钙镁磷肥和生物质炭都为碱性，但是本研究的统计分析结果表明这两种物质对土壤 pH 的影响多不显著，这与以往的研究结果不同，其原因可能与这两种物质的用量不同有关。在本研究中，所选用的每种钝化材料的用量都较低，基本为以往研究中其单独使用时用量的一半甚至更少，从本次试验结果来看，这既可以保证重金属的钝化效果，也可以降低修复成本和对环境的潜在影响。

考虑到各种重金属钝化剂单独使用时都或多或少对土壤性质有一定影响，许多实验将多种钝化剂进行配施。如在重金属复合污染（Cd、Pb、Cu、Zn 和 As）的土壤上采用石灰+钙镁磷肥处理，可使稻米和小麦籽实中的重金属含量明显降低（van Herwijnen et al.，2007）。其基本配施方式主要为无机+无机（如石灰+黏土矿物，石灰+粉煤灰，磷酸盐+碳酸盐等）和无机+有机（石灰+有机肥等），配合施用能防止钝化剂单独使用时对土壤理化性质（pH 等）影响过大，降低钝化剂中某些元素的累积，避免对植物生长的不良影响，且钝化效果也更理想（Bailey et al.，1999；Cao et al.，2003；Cao et al.，2009）。尤其是无机+有机方式，一方面有机物可缓冲无机钝化剂可能带来的土壤性质的过度变化，另一方面可与无机钝化剂结合形成复合物，延缓有机物的降解速率，以防止因有机质分解所带来的风险，达到协同与互补的效果（van Herwijnen, et al.，2007）。本研究中，一些配方（如第一组的 13 号配方）中各成分的添加量较低，而对 pH 和 Cd 有效态含量的影响与高添加量时相似，所以可以推测这些配方比例可以协同增加对 Cd 的固定作用。

3. 结论

综合以上试验结果，配方中各个组分对土壤 pH 和 Cd 有效性的影响不同，其中石灰是影响土壤 pH 的决定性因素，随着配方中石灰含量的增加，pH 明显升高，而 Cd 的有效性明显下降，说明石灰可以通过提高土壤的 pH 而使 Cd 的有效性下降；生物质炭的作用则有所不同，其对土壤 pH 的影响不如石灰明显，但却可以使土壤 Cd 的有效性显著下降，这与其疏松多孔结构、丰富的表面基团和多种碱性成分有关；在两组配方试验中，膨松多孔结构、丰富的表面基团和多种碱性成分有关；在两组配方试验中，膨润土对 pH 和 Cd 有效性的直接影响均较小，而以往许多研究表明其对重金属的固定作用显著，这可能是由于本实验中所采用的膨润土用量远低于大多数研究。本试验中能够提高土壤 pH 和降低 Cd 有效性的一些配方中都有一定含量的膨润土，其可能与配方中的其他组分相互作用来影响配方的效果。

考虑配方加入土壤后 pH 和 Cd 有效性的变化，第一组配方中 13、16、21、23、24 和第二组配方中 14、19 的效果较好，虽然这些配方中有的会使土壤的 pH 增加到 7.5 以上，可能会对水稻的生长不利，但考虑到实际种植的条件下，根际土壤 pH 会低于非根际土壤，所以这些配方用于后续的盆栽试验和大田试验是合理的。

　　通过以上培养试验，可以确定石灰和生物质炭对控制土壤 pH 和 Cd 的有效性具有重要作用，而膨润土和钙镁磷肥起辅助作用，因此后续盆栽试验和大田试验的配方将以石灰和生物质炭为主要成分，并适当添加膨润土或钙镁磷肥形成组合配方。

第三节　盆　栽　试　验

　　盆栽试验是将生长介质置于特制容器中，在温室、网室或人工气候箱等设施中于人工模拟、人为控制条件下进行的植物栽培试验。由于能严格控制水分、养分，甚至温度、光照等条件，因而有利于精密测定试验因素的效应。对于本研究，通过培养试验初步筛选出来的配方要通过盆栽试验来考察其在土壤-植物系统中的效果，并考察各组分对土壤性质和稻米 Cd 含量的影响，探索配方固定重金属 Cd 的效果。根据研究区的种植特点，本研究进行水稻、川芎的盆栽试验。

一、水稻盆栽试验

1. 实验方法

1）供试土壤及土壤准备

为便于比较，从培养试验所用土壤中选择 3 种作为水稻盆栽试验的供试土壤：MGT-1、SGT-1 和 SGT-2，其 Cd 含量代表了研究区中的低、中、高水平。土壤样品装入塑料盆（直径 25cm，高 25cm，每盆装土 3kg）中，以 20g 复合肥作为底肥。根据培养试验的结果，在确定的钝化剂用量范围内选择石灰、钙镁磷肥、膨润土或生物质炭添加到以上供试土壤。共选择了 11 个钝化剂配方（编号 1～11 号，0 为空白），每一种配方中均添加石灰，用量 1～4g；钙镁磷肥在 2、9、10、11 号配方中添加，用量 0.45～0.75g；膨润土在 1、3、4、5、10、11 号配方中添加，添加量 1～6g；生物质炭除 2 号配方中未添加外，其余配方中的添加量为 10～40g。每个配方 3 个平行样。

2）水稻栽培

本试验所采用的水稻品种为国豪种业的宜香 725 杂交稻，此品种在研究区中得到广泛种植，具有代表性。挑选长势均一的健壮幼苗插秧，每盆两株。在水稻生长过程中采用与研究区相同的方式进行水肥管理。

3）水稻和土壤样品处理

水稻成熟后收获，将水稻籽实烘干、研磨得到糙米（稻米），密封保存备用；同时取水稻根系土壤，去除粗砂和植物根系等杂质，风干后过 20 目筛，储存待测。

4）稻米和土壤样品分析

测定稻米和土壤中 Cd 的含量，并测定土壤的 pH 和有机质含量。同时利用氯化镁（1mol·L^{-1}，pH = 7.0）浸提法分析不同钝化剂配方处理下土壤中 Cd 有效态含量的差异，考察不同钝化剂配方对土壤理化性质和稻米中 Cd 含量的影响，确定钝化剂配方的效果。

2. 实验结果分析

1）不同钝化剂配方对水稻根系土的影响

（1）对水稻根系土 pH 的影响。

不同钝化剂配方对水稻根系土 pH 的影响见图 2-5。图中 0 代表空白试验，即不加钝化剂的处理，1-11 分别代表向土壤中加入 1-11 号配方。

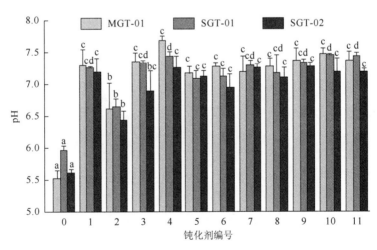

图 2-5　钝化剂对水稻根系土 pH 的影响

（图中不改数据系列上不同字母代表在 0.05 水平下比较差异显著）

由图 2-5 可知，不同钝化剂加入土壤后，3 种土壤 pH 均升高了 1～2 个单位，增幅在 20%～40%。各钝化剂配方均使土壤 pH 显著增加（$p<0.05$），在所有配方中，2 号配方对土壤 pH 的影响明显低于其他配方（$p<0.05$），而其余配方对 3 种土壤 pH 的影响虽略有不同，但总的来说它们之间的差异不明显（$p>0.05$）。

根据培养试验的结论，配方中的石灰对提高土壤 pH 具有决定性的作用。盆栽试验的每个配方中都含有石灰，钝化剂加入土壤后 pH 比空白都显著增加了，这与培养试验的结果相符。相关分析结果表明，土壤 pH 与石灰添加量呈显著的正线性相关关系（$p<0.05$），进一步说明了石灰对土壤 pH 的调节作用。生物质炭对 pH 的影响不同于培养试验，3 种土壤 pH 与生物质炭的添加量均呈显著的正线性相关关系（$p<0.05$），说明盆栽试验中生物质炭对于土壤 pH 同样具有重要的调节作用，这可能与盆栽试验中生物质炭与土壤的混合时间较长有关。

（2）对水稻根系土有机质含量的影响。

土壤的有机质含量与重金属的形态密切相关，一般认为增加土壤有机质含量能够改善土壤结构，增加土壤的吸附能力，使重金属向有机结合态转变，从而固定重金属，降低其活性（Sauve et al.，2000）。本次试验中，生物质炭作为有机组分添加到大部分配方中，对土壤的有机质含量产生了重要影响，3 种土壤中有机质含量均有所增加，随生物质炭添加量不同其增加量在 10%～60%（图 2-6）。由

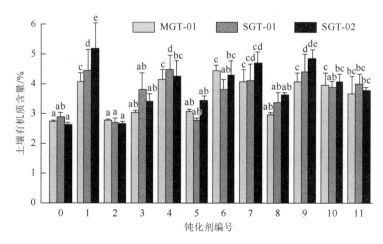

图 2-6　钝化剂对水稻根系土有机质含量的影响

（图中同数据系列上不同字母代表在 0.05 水平下比较差异显著）

于配方 2 中没有添加生物质炭，所以各土壤的 2 号处理有机质含量与空白无明显差异（$p > 0.05$）；而其他配方中加入的生物质炭量较少时，不能明显提高土壤的有机质含量，如 3 号、5 号配方处理的土壤与空白、2 号处理的有机质含量基本无差异（$p > 0.05$）；而当配方中的生物质炭含量达到 40g 时，会对土壤有机质含量产生显著的影响（$p < 0.05$），土壤有机质含量与生物质炭添加量具有显著的正相关关系（$p < 0.05$）。

（3）对根系土壤 Cd 有效态含量的影响。

图 2-7 为不同钝化剂配方对根系土壤 Cd 有效态含量的影响结果。对于 3 种土壤，不同钝化剂配方均能显著降低土壤中 Cd 的有效态含量（$p < 0.01$），降低幅度在 10%～40%。各配方中，2 号配方处理的土壤 Cd 有效态含量降低幅度有限，与空白试验结果差异不明显；而其余配方的钝化效果对各种土壤略有差异，但总的来说差别较小。所有配方处理中，2 号配方仅由石灰和钙镁磷肥组成，在以往的研究中，这两种成分的组合可以有效控制土壤中的重金属有效性，而此试验中其效果不明显，与其添加量较少且土壤酸性较强有关；4 号配方处理土壤的 Cd 有效态含量均处于较低水平，效果比较稳定，其中石灰、生物质炭和膨润土均为最高的添加水平。而各成分添加量较小的 10、11 号配方处理结果与 4 号相近，说明同培养试验一样，配方中不同量的组合会产生一些复杂的效应促进钝化剂对 Cd 的固定作用，在修复工作中可利用此效应降低修复成本。

如前分析，土壤 pH 的增加对 Cd 的生物有效性具有重要影响，随着 pH 升高，土壤中的黏土矿物、有机质及胶体表面负电荷增加，对 Cd 的吸附力增强，并由静电吸附转化为专性吸附，因而 Cd 的解吸更加困难；另外，土壤 pH 升高会促进 Cd 形成碳酸盐、磷酸盐、硅酸盐等沉淀，或吸附于氧化物和有机质表面，促使 Cd 向低有效态转变（Cotter-Howells et al.，1996；Naidu et al.，2006）。本研究中，随着配方中石灰和生物质炭添加量的增加，3 种土壤的 pH 显著提高，从而使土壤中 Cd 的有效态含量明显下降，其负相关的线性关系（图 2-8）均达到了极显著的水平（$p < 0.01$），进一步说明了配方中石灰和生物质炭的重要作用。而钙镁磷肥和膨润土对土壤 pH 的影响作用有限，其可能与石灰和生物质炭联合作用以控制 Cd 的活性，详见后面分析。

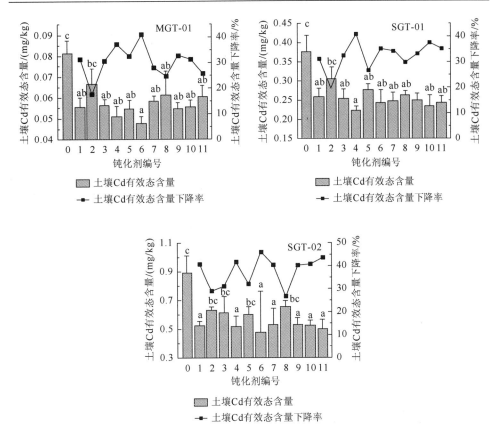

图 2-7　钝化剂对根系土壤 Cd 有效态含量影响

（图中同数据系列上不同字母代表在 0.05 水平下比较差异显著）

土壤有机质含量是影响土壤重金属有效性最重要的因素之一（Kirkham，2006），土壤有机物表面具有丰富的基团，可通过吸附、螯合等作用固定重金属，在还原条件下还可以促进 Cd 形成 CdS 沉淀，从而降低土壤 Cd 的有效性（Covelo et al.，2007），因此有机物作为钝化剂在重金属污染土壤的修复中被广泛使用，如向土壤中施用腐熟有机肥是常用的重金属控制方法。有机肥大都可以明显提高有机结合态 Cd 的含量，而不同类型的有机肥对铁锰氧化物结合态和残渣态 Cd 的影响有所不同，其含量可能增加或减少（张亚丽等，2001；王浩等，2009；高文文等，2010）。虽然不同研究中有机质对重金属形态转化的影响不同，但是移动性较高的重金属形态都明显降低了。本实验也得到了相似结果，生物质炭的添加使土壤有机质含量提高，而土壤有机质含量与 Cd 有效态含量之间呈现负线性相关关系（$p < 0.05$）（图 2-9），体现了生物质炭对土壤 Cd 有效态含量的控制作用。

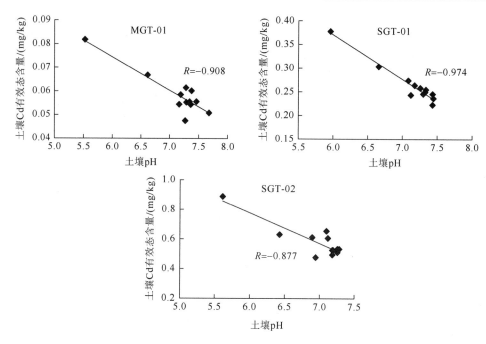

图 2-8　土壤 pH 与 Cd 有效态含量的关系

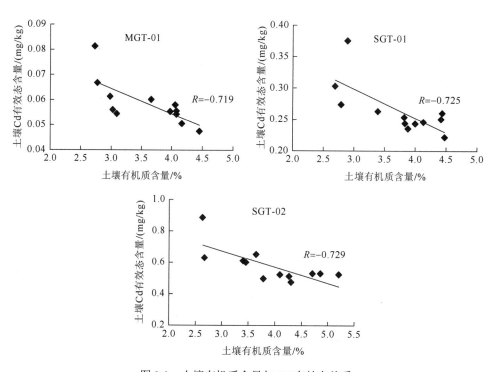

图 2-9　土壤有机质含量与 Cd 有效态关系

2）不同钝化剂配方对稻米中 Cd、Zn、Se 元素含量的影响

（1）对稻米中 Cd 含量的影响。

图 2-10 为不同钝化剂配方处理下盆栽水稻稻米中重金属 Cd 含量结果。各钝化剂配方加入 3 种土壤后，除了 SGT-02 的 5 号配方效果一般外，其余配方都使稻米中 Cd 的含量降低了 15% 以上。对于 MGT-01，所有配方均使稻米中 Cd 下降了 20% 以上（27%～53%），其中有 9 种配方使 Cd 下降了 40% 以上；对于 SGT-01 和 SGT-02，分别有 6 种和 9 种配方使稻米中 Cd 含量下降了 20% 以上，最大下降率分别为 30% 和 45%，总的来说钝化剂的控 Cd 效果较为明显。统计分析表明，MGT-01 和 SGT-01 的所有配方处理均使稻米中 Cd 含量显著低于空白，SGT-02 则有 1、3、4、6、7、9、10、11 号配方的效果良好（$p < 0.05$）；各配方中，3、4、10、11 号的效果均比较稳定，对于 3 种土壤上稻米中 Cd 含量都有良好的控制效果。

如前分析，配方中的石灰和生物质炭对土壤的 pH 和有机质含量具有主要的调控作用，降低土壤 Cd 有效态含量，进而降低稻米中 Cd 的含量。盆栽试验中，除了 SGT-02 外，另外 2 号土壤样品中石灰和生物质炭添加量与稻米中 Cd 含量的关系均达到了显著和极显著的水平；SGT-02 的石灰添加量虽与稻米中 Cd 含量未达到显著水平，但达到了弱相关水平，可见石灰和生物质炭仍然是稻米中 Cd 含量的主要控制因素，而膨润土和钙镁磷肥的直接影响均不明显（$p > 0.05$）。3、4、10、11 号配方中均含有较高含量的生物质炭，3 和 4 号配方中还含有最高含量的石灰，这使它们能够较好地固定土壤中的 Cd，减少 Cd 向水稻中迁移。但是提高石灰和生物质炭添加量并非提高修复效果的唯一途径，如 8 号配方中添加了中等含量的石灰和生物质炭，只比 3 号配方少了膨润土，其效果却仅处于中等水平；而 10、11 号配方中虽然石灰的添加量只接近 3 和 4 号配方中的一半，膨润土未添加或添加少量，但是效果与 3 号和 4 号配方的基本相同，说明少量的膨润土和钙镁磷肥仍然起了作用。在本课题组 2013 年承担的四川省国土资源厅项目"四川镉污染土地监测与修复试验"项目中，已经证实钙镁磷肥虽然对稻米中 Cd 的含量没有直接影响，但是会与石灰共同作用，本研究中的膨润土和钙镁磷肥应该起到了相同的作用，与石灰和生物质炭协同增强配方的控 Cd 效果。

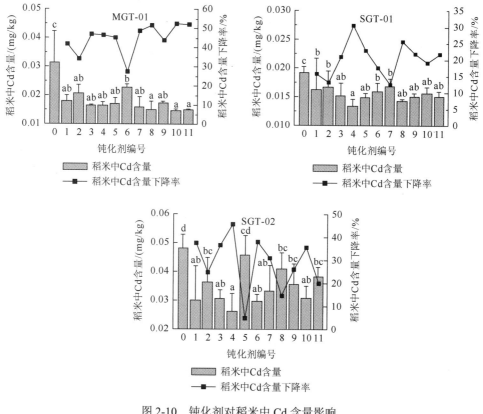

图 2-10　钝化剂对稻米中 Cd 含量影响

（图中同数据系列上不同字母代表在 0.05 水平下比较差异显著）

（2）对稻米中 Zn 含量的影响。

Zn 是人体必需的微量元素，对于儿童的智力、视觉、味觉发育等具有重要作用（陈文强等，2006），中国居民的主食以大米或面食为主，缺乏含 Zn 丰富的动物内脏和海产品等，另外蔬菜以高温炒制为主要烹调方法，易造成 Zn 元素的损失，因此中国居民缺 Zn 的问题较为普遍。Zn 与 Cd 同为重金属元素，理论上来说钝化剂在固定 Cd 的同时也会降低 Zn 的生物有效性，这可能导致稻米中 Zn 的含量更低。

图 2-11 为钝化剂配方对稻米中 Zn 含量的影响结果。不同钝化剂加入土壤后，稻米中 Zn 的含量有一定波动，虽然 SGT-02 中个别样品中 Zn 含量稍有上升（约 5%），但总体上呈现下降趋势，下降了 2%～20%。不过稻米中 Zn 含量的总体变化程度不大，MGT-01 和 SGT-02 中所有处理的 Zn 含量与空白差异不显著（$p >$

0.05)，SGT-01 中仅有 3、4、9 号配方使 Zn 含量明显降低了（$p<0.05$），总的来说大部分钝化剂配方在降低稻米中 Cd 含量的同时基本保持了 Zn 含量的稳定或较低降幅。

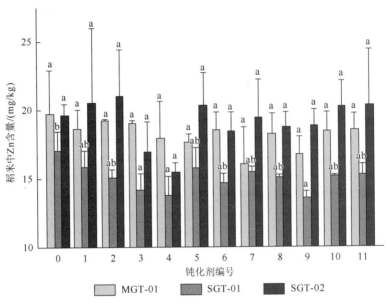

图 2-11　钝化剂对稻米中 Zn 含量影响

（图中同数据系列上不同字母代表在 0.05 水平下比较差异显著）

已有研究表明，Zn 元素的缺乏会加重 Cd 对动植物和人体的毒害（Chaney et al.，2004），而环境中的 Cd、Zn 在一定浓度范围内存在拮抗作用，具体表现在水稻上为 Zn 可以降低 Cd 的水稻吸收量，反之亦然（周启星等，1994；龚伟群等，2006），因此将 Cd/Zn 作为衡量环境和食品中 Cd 潜在毒性的指标已被广大学者所接受。本试验中，不同钝化剂配方均使 3 种土壤上稻米中 Cd/Zn 呈下降趋势变化，下降幅度为 2%～50%。即使是使 SGT-01 稻米 Zn 含量下降的 3、4、9 号配方，其 Cd/Zn 也都下降了 15%左右。

出现上述结果的原因是大部分钝化剂配方基本上维持了稻米中 Zn 含量的稳定，而 Cd 的含量显著下降了，所以 Cd/Zn 相应变小了。由图 2-12 可知，稻米中 Cd/Zn 与 Cd 含量具有良好的线性关系（$p<0.05$），说明大部分配方的控 Cd 效果较好。

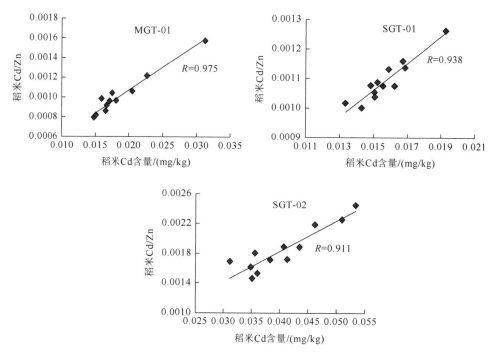

图 2-12　稻米中 Cd 含量与 Cd/Zn 关系

（3）对稻米中 Se 含量的影响。

Se 是人体必需的微量元素，具有抗氧化、增强免疫力、保护视力和肝脏、预防糖尿病和心脑血管疾病、解毒、排毒等多种重要生理作用（陈亮和李桃，2004）。对于人们日常食用的农作物, Se 元素含量的增加, 能够降低重金属的含量和毒性(李正文等，2003；He et al.，2004），对人体健康具有一定的保护作用。因此，各种富硒食品逐渐被人们所接受，产生了越来越大的经济效益。研究区土壤中 Se 含量处于较高水平，产出的稻米许多达到了国家规定的富硒稻米标准（GB/T 22499—2008），如果能在控制稻米中 Cd 含量的同时保证其中 Se 含量不变，则有可能为当地增加一种特色农产品。

图 2-13 为不同钝化剂配方对稻米中 Se 含量的影响结果。

不同钝化剂加入土壤后稻米中 Se 含量虽然略有升高和下降，但是对于 3 种土壤其差异均不显著（$p>0.05$），即所有配方都未造成稻米中 Se 含量下降，且都达到了 40μg/kg 以上，最高约为 70μg/kg，完全达到了国家规定的富硒稻米标准，所以钝化剂配方达到了"降 Cd"和"保 Se"的目的。

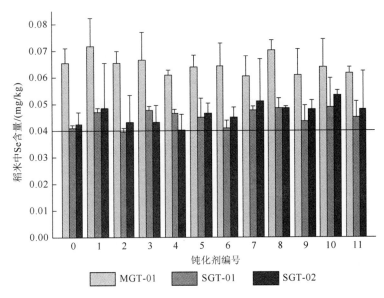

图 2-13　钝化剂对稻米中 Se 含量影响（图中直线为我国富硒稻米标准下限 0.04mg/kg）

3. 结　论

（1）大部分钝化剂配方能够对土壤中 Cd 的有效态含量起到良好的控制作用。由盆栽试验结果，在所选择的 11 个钝化剂中，有一半以上的配方能够显著降低土壤中 Cd 有效态的含量，其中 4 号配方对于 3 种供试土壤 Cd 有效态含量的降低作用较为稳定。

（2）大部分钝化剂配方能够降低稻米中 Cd 的含量。供试钝化剂配方中 70%以上能够显著降低稻米中 Cd 的含量，且基本上保持了稻米中 Zn 和 Se 的含量，并都达到了国家规定的富硒稻米标准，其中 3、4、10、11 号配方的效果对 3 种土壤均比较稳定，对于稻米中 Cd 含量都有良好的控制效果，可用于大田试验继续进行研究。总的来说大部分供试配方提高了稻米的安全性，同时保持了特色品质，这为保证研究区中居民健康，并发展富硒大米产业，增加当地农民收入奠定了基础。

（3）配方中各组分的作用。针对工作区 Cd 污染土壤大部分为酸性的特征，本研究选用石灰、钙镁磷肥、膨润土和生物质炭等碱性物质来进行配方试验，其中石灰的碱性较强，而生物质炭在配方中比例较大，这两种物质对土壤 pH 或有机质含量产生了直接影响，其添加量与 pH 和有机质含量具有良好的线性关系。试验中土壤的 pH 和有机质含量与 Cd 有效态含量间具有明显的负相关关系，所以石灰和生物质炭是配方中控 Cd 的主要因素。另外两种物质的相对用量较小，是因为钙镁磷肥是一种化肥，不宜大量使用；而膨润土的用量太大可能会使土壤变得黏重，耕性变差。试验中它们对土壤 pH 和有机质含量虽然没有直接影响，但按照一定比例与石灰和生物质炭混合可以增强土壤修复效果，可能是因为少量的钙镁磷肥和膨润土与石灰和生物质炭共同作用可以加强钝化剂效果，其具体的作用方式有待于进一步研究。

二、川芎盆栽试验

1. 试验方法

（1）供试土壤。本次试验从研究 B 区选取有代表性的两种 Cd 污染农田土壤用于川芎盆栽试验，样品编号为 SGT-04C（Cd 含量 1.63mg/kg）和 SGT-05C（Cd 含量 3.26mg/kg），即 Cd 污染程度相对较低和较高的土壤各一种。

（2）试验钝化剂配方及土壤准备。根据培养试验结果，采用 4 种配方进行实验，每种配方均添加 1～4g 石灰和 10～40g 生物质炭；3、4 号配方中添加 1g 或 3g 膨润土，而 4 号配方中还加入 0.5g 钙镁磷肥。土壤准备过程同水稻盆栽试验。每个配方 3 个平行样。

（3）川芎栽培。川芎幼苗直接从农户处获得。挑选长势均一的健壮幼苗插秧，每盆两株。在川芎生长过程中采用与研究区相同的方式进行水肥管理。

（4）川芎和土壤样品处理。当川芎成熟后收获，将块根用超声波清洗以去除缝隙中的土壤颗粒，烘干，密封保存备用；根系土处理同水稻盆栽试验。

（5）川芎和土壤样品分析。同水稻盆栽试验。

2. 试验结果分析

1）不同钝化剂配方对川芎根系土的影响

（1）不同钝化剂配方对川芎根系土 pH 的影响。

不同钝化剂配方对川芎根系土 pH 的影响见图 2-14，0 代表空白试验，即不加钝化剂的处理；1～4 分别代表向土壤中加入 1～4 号配方。由图可知，与水稻盆栽试验相同，不同钝化剂加入土壤后，土壤 pH 均呈增加趋势，升高了 1～2 个单位，增幅为 10%～20%。所有配方均使土壤 pH 显著增加（$p < 0.05$），而各配方对土壤 pH 的影响虽略有不同，但总的来说差异较小。

（2）不同钝化剂配方对川芎根系土有机质含量的影响。

图 2-15 表明，由于 4 种配方中均含有较高含量的生物质炭，所以不同配方加入土壤后，2 种土壤中有机质含量均增加了 15%～40%，可见生物质炭对提高有机质效果十分显著（$p < 0.05$）。

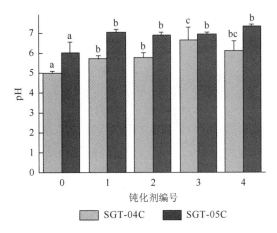

图 2-14　钝化剂对土壤 pH 的影响

（图中同数据系列上不同字母代表在 0.05 水平下比较差异显著）

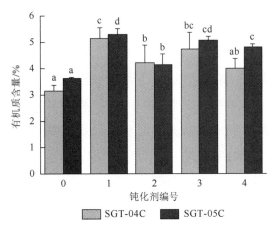

图 2-15　钝化剂对川芎根系土有机质含量的影响

（图中同数据系列上不同字母代表在 0.05 水平下比较差异显著）

（3）钝化剂配方对根系土壤 Cd 有效态含量影响。

图 2-16 为不同钝化剂配方对根系土壤 Cd 有效态含量的影响结果。由水稻盆栽试验结果可知，钝化剂中石灰和生物质炭两种主要成分都对 Cd 有效态含量具有显著的控制作用，而用于川芎盆栽的钝化剂配方中都含有这两种物质，所以 4 种配方均能显著降低 2 种土壤中 Cd 的有效态含量（$p < 0.05$），降低幅度为 20%～45%。其中 3 号配方的效果最好，除了含有石灰和生物质炭外，其含有较高含量膨润土，说明复合配方更有利于 Cd 的固定，这与水稻盆栽试验结果相似。

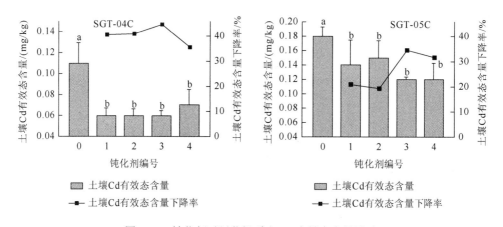

图 2-16　钝化剂对川芎根系土 Cd 有效态含量影响

（图中同数据系列上不同字母代表在 0.05 水平下比较差异显著）

2）不同钝化剂配方对川芎中 Cd、Se 含量的影响

（1）不同钝化剂配方对川芎中 Cd 含量的影响。

图 2-17 为不同钝化剂配方处理下川芎根茎（药用部分）中 Cd 含量分析结果。所有配方均使其下降了 30% 以上，最高约下降了 65%，降 Cd 效果显著（$p < 0.05$）。其中 3 号配方的控 Cd 效果最为突出，使两种土壤中的川芎块根中重金属 Cd 含量分别下降了约 58% 和 65%，这与其降低土壤 Cd 有效态含量效果最好相一致。相关分析表明，土壤中 Cd 的有效态含量与川芎根茎中重金属 Cd 含量呈现正相关关系（图 2-18），说明对于根茎类作物，同样可以通过控制土壤中重金属的有效性来直接降低其向作物中迁移的量。

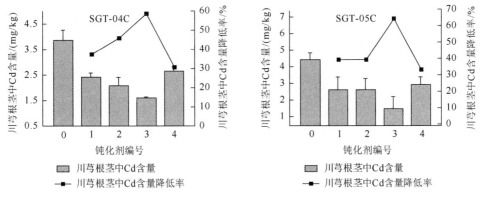

图 2-17 钝化剂对川芎根茎中 Cd 含量影响

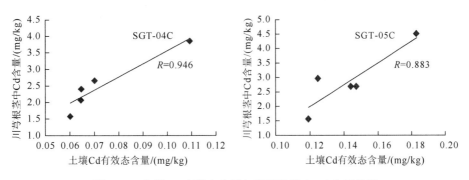

图 2-18 土壤 Cd 有效态含量与川芎根茎中 Cd 含量关系

（2）不同钝化剂配方对川芎中 Se 含量的影响。

图 2-19 为钝化剂配方对川芎根茎中 Se 含量的影响结果。不同钝化剂加入土壤后根茎中 Se 含量略微升高或下降，但是其差异均不显著（$p>0.05$），所有的配方都未造成根茎中 Se 含量的显著降低，这与水稻盆栽试验结果相同。如前所述，Se 能够降低 Cd 的毒性，所以 4 种钝化剂配方均提高了川芎的品质。

3. 结论

（1）钝化剂配方都能够对土壤中 Cd 的有效态含量起到良好的控制作用。川芎盆栽所使用的 4 种配方都能够显著地降低土壤中 Cd 的有效态含量，其中 3 号配方对于 2 种供试土壤效果最为显著，其由生物质炭、石灰、膨润土组成，说明多种成分组成的复合配方控 Cd 效果更为突出。

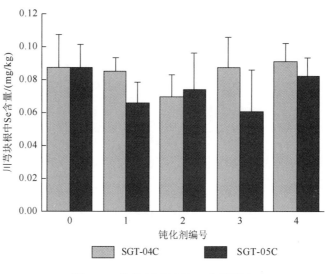

图 2-19　钝化剂对川芎 Se 含量影响

（2）钝化剂配方都能够降低川芎根茎中 Cd 的含量。4 种钝化剂配方均能显著降低块根中 Cd 的含量，虽然没有达到《中国药典》附录中规定的 Cd 不得超过 1mg/kg 的标准，但使其含量降低了 30%～65%，使当地川芎的安全性大大提高。

（3）钝化剂配方保持了川芎根茎中 Se 含量水平。加入 4 种钝化剂配方后，川芎根茎中 Se 的含量没有产生显著变化，基本保持了 Se 的含量水平。虽然国家对中药中 Se 含量没有明确的标准，但是 Se 进入人体后，可以与 Cd 产生拮抗作用，降低 Cd 的活性，所以川芎根茎中 Se 含量水平不变显然可以抑制其中 Cd 的毒性，提高中药的品质。

第四节　大田试验

大田试验是在田间土壤、自然气候等环境条件下栽培作物，并进行与作物有关的各种科学研究的试验，农业相关产品的效果都需要大田试验来验证。对于本研究，前期试验筛选出的重金属钝化剂配方，需要进行大田试验来确定在实际栽培条件下其对稻米和川芎中 Cd 的含量以及水稻产量的影响，为钝化剂的推广应用奠定基础。

一、水稻大田试验

1. 试验方法

1）供试农田

大田试验选取的农田与培养供试试验土壤相对应，研究 A 区（MGT-01、MGT-03）和研究 B 区（SGT-01、SGT-02、SGT-03），共计 5 块，试验田面积为 300～600m²。根据前期试验，选用 7 种效果较好的钝化剂配方用于 Cd 污染酸性稻田土壤修复试验，所有配方中均添加石灰，用量 0.05～0.2kg/m²；钙镁磷肥在 2、3 号配方中添加，用量 0.02～0.04kg/m²；膨润土在 4～7 号配方中添加，添加量 0.1～0.3kg/m²；生物质炭除 2 号配方中未添加外，其余配方中的添加量为 0.5～2kg/m²。每块试验田，根据其形状和灌溉渠位置划分为矩形种植小区，进行不同钝化剂配方试验和空白试验。每个小区之间以田埂隔开，田埂间修建灌溉渠，以保证试验的准确性（图 2-20）。按配方施入钝化剂后，用爬犁将其与土壤混合均匀，一天后插秧。日常农田管护按当地生产习惯进行。

施用钝化剂

长势情况

图 2-20　水稻田间试验小区布置

2）样品采集

在水稻成熟后农民收获之前进行取样，每块试验小区里取 1 件稻米样品及根系土样品。稻米取样采用散点法，即在每块试验小区中随机选取 5 个点，采取稻米及根系土，并合并成 1 件样品。同时委托当地农技部门进行了水稻产量的测定。

2. 实验结果分析

1）钝化剂对土壤 pH 和有机质含量的影响

图 2-21、图 2-22 为不同钝化剂加入土壤后，其 pH 和有机质含量的变化结果，其中 0 代表空白试验，1～7 代表 1～7 号配方处理。结果表明，5 种土壤的 pH 和有机质含量均有一定的变化，pH 在纯化剂加入后都有所提高，提高幅度为 3%～30% 不等；相对于 pH，有机质含量的变化更大，一些配方使有机质普遍增加了 20%～50%，最大的增加了一倍左右，而另一些配方则使其略微下降。相关分析表明，钝化剂组分添加量与两个指标的变化无显著的线性相关关系（$p >$ 0.05），这与盆栽试验两个指标都随着石灰和生物质炭添加量的增加而明显提高不同。考虑到大田试验不可能像盆栽试验一样精确控制试验条件，因此误差要大得多。从两个指标的变化趋势来看，其增加的幅度较大，而下降幅度仅为 0.3%～5%，属于正常的试验误差。因此，可以认为钝化剂施入土壤后，有机质含量无明显变化或明显增加了。盆栽试验部分已经阐明土壤 pH、有机质含量对控制重金属活性的重要作用，因此钝化剂对试验田土壤中 Cd 的活性应具有良好的控制作用。

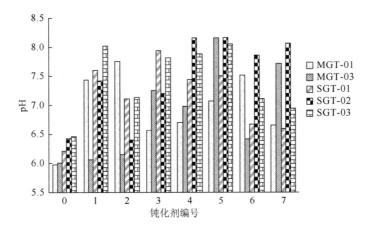

图 2-21 钝化剂对水稻根系土 pH 的影响

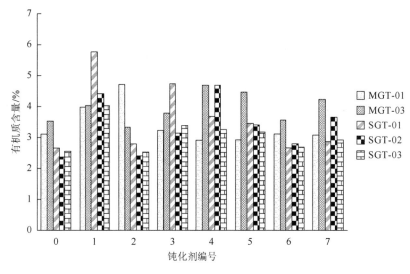

图 2-22　钝化剂对水稻根系土有机质含量的影响

2）钝化剂对土壤 Cd 有效态含量的影响

钝化剂对土壤 Cd 有效态含量的影响结果见图 2-23，不同钝化剂加入土壤后均能降低 Cd 的有效态含量。大部分配方使 Cd 有效态含量下降了 20%～40%，最高约下降 60%，对于 MGT-01，所有配方均使 Cd 有效态含量下降了 30%以上；对于其他几种土壤，2 号配方的效果都相对较弱，而 1、6、7 号配方的作用在不同土壤上变化较大，Cd 有效态含量下降率为 10%～40%；3、4 号配方的效果较好，使 5 种土壤 Cd 有效态含量都下降了 30%以上，而 5 号配方的效果则最为稳定，使每种土壤 Cd 有效态含量都下降了 30%～50%。总的来说大部分配方效果较好，而 3、4、5 号配方的适应性更广，能够有效控制供试土壤的 Cd 有效态含量。

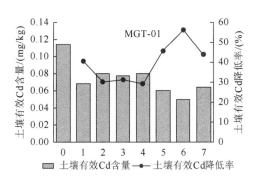

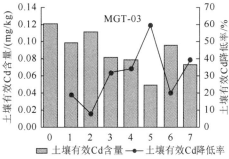

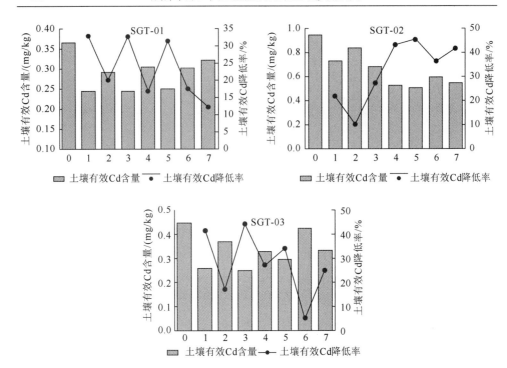

图 2-23　钝化剂对水稻根系土 Cd 有效态含量的影响

3）钝化剂对稻米中 Cd 含量的影响

重金属污染农田原位钝化修复的目的是控制土壤中的 Cd 向农作物中迁移，因此本研究所用钝化剂的修复效果，最终要由稻米实中 Cd 含量的变化来评价。不同钝化剂配方对稻米中 Cd 含量的影响结果见图 2-24。

所有配方均能减少稻米中 Cd 的含量，其下降率大都为 10%～50%，效果十分明显。5 种土壤经 4、5、6 号配方处理后，稻米中 Cd 的下降率均处于较高水平，而 7 号配方对于 MGT-01 的效果较差，而对 MGT-03、SGT-01、SGT-02 和 SGT-03 的控 Cd 效果均较好。综合这 5 种土壤的修复效果，4、5 号配方能够有效地控制土壤中的 Cd 向稻米中迁移和累积，而 5 号配方的效果则更加稳定，对于 MGT-01、SGT-01 和 SGT-02 都使稻米中 Cd 下降到最低水平，对 MGT-03 和 SGT-03 则接近于最低水平，这与 5 号配方能够稳定降低所有土壤中 Cd 有效态含量的结果相吻合。

土壤 Cd 有效态含量与稻米中 Cd 含量的相关分析表明（图 2-25），只有 SGT-03 两者之间具有明显的线性关系，其他土壤的线性关系不显著（$p > 0.05$）。

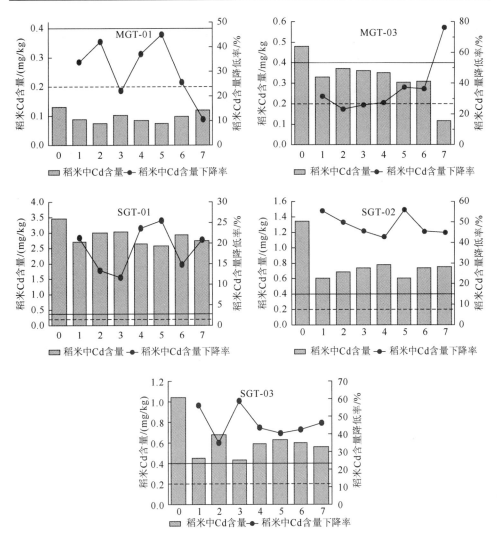

图 2-24 不同钝化配方对稻米中 Cd 含量的影响

（图中直线和虚线分别标注中国和国际稻米 Cd 限值 0.2mg/kg 和 0.4mg/kg）

一般来说，土壤中重金属的有效态含量决定了其向农作物的迁移量，但是实际要受到农作物营养生长、病虫害、农业管理等多方面的影响，由于大田试验中的不可控因素很多，会产生较大的试验误差，因此本研究中土壤 Cd 的有效态含量与稻米 Cd 含量之间的关系大都并不显著。但是由图 2-25 可知，MGT-01、MGT-03、SGT-01 和 SGT-02 稻米中 Cd 含量随着土壤 Cd 有效态含量的增加呈上升趋势，所以总的来说，钝化剂通过控制土壤中 Cd 的活性，减少了稻米中 Cd 的含量。

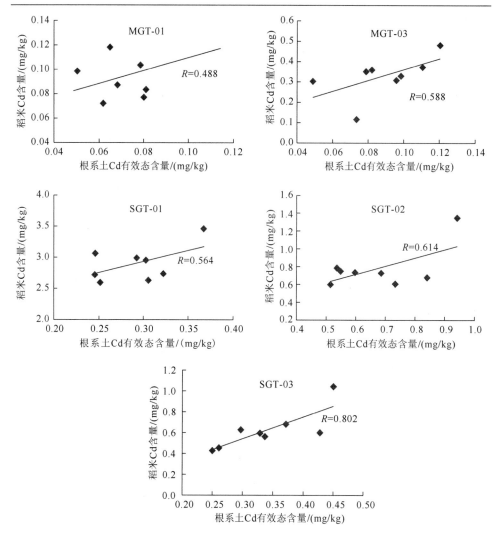

图 2-25　根系土 Cd 有效态含量与稻米中 Cd 含量关系

　　农田土壤修复的重要目的是降低食品中污染物的含量，从而降低居民的健康风险。对于稻米中的 Cd 含量，国际标准为低于 0.4mg/kg，而中国规定的限值为 0.2mg/kg（GB 2762—2012 食品中污染物限量），严于国际标准。由图 2-24 可知，由于 MGT-01 土壤中 Cd 的含量较低，且水稻的 Cd 累积量有限，所以所有小区稻米中 Cd 的含量均低于 0.2mg/kg；而当土壤中 Cd 含量提高时，水稻对 Cd 的吸收量随之提高，因此 MGT-03 空白处理的稻米中 Cd 含量超过了 0.4mg/kg，此时所有钝化剂均可以保证稻米 Cd 含量符合国际标准；但是当土壤中 Cd 含量处于较高水平时（SGT-01、SGT-02、SGT-03），稻米中的 Cd 含量则与土壤性质和水稻对 Cd 的累积能力密切相关，但多数情况下难以达到 0.4mg/kg 的国际标准。即便如此，由于稻米是大多数中国居民的主食，而本研究中的一些钝化剂使稻米中的 Cd 含量下降了 50%~70%，这对减缓 Cd 对居民健康的危害具有重要意义。

4）钝化剂对稻米有益元素含量的影响

（1）稻米中 Se 含量特征。

两个研究区 5 块试验田中稻米 Se 含量分析结果及相对于空白（0-未加入钝化剂）的增减率见图 2-26。

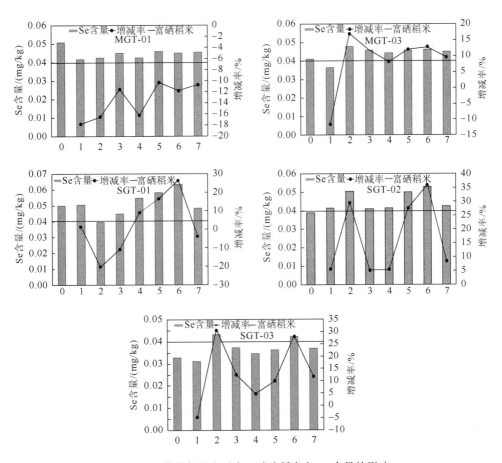

图 2-26　钝化剂配方对大田试验稻米中 Se 含量的影响

对于研究 A 区的 2 块试验田，除 MGT-03 中的 1 号配方相对于空白试验稻米中 Se 含量有所降低而未达到富硒稻米国家标准外，其余钝化剂处理后稻米仍然保持了较高的 Se 含量水平，达到了富 Se 稻米的国家标准，而且 MGT-03 试验田绝大部分配方的稻米 Se 含量还有所增长，增长率为 8%～17%。

研究 B 区的 3 块试验田中，除个别配方处理下稻米 Se 含量有所降低外，大部分配方的稻米 Se 含量都有所增长，其增长率一般在 5%～30%。特别是 SGT-02、SGT-03 两块试验田，空白处理的稻米 Se 含量均未达到富硒稻米国家标准，但加入钝化剂后，SGT-02 试验田全部稻米均达到了富硒稻米国家标准，SGT-03 试验田中除 1 号配方对应的稻米 Se 含量略有降低外，其余配方均有所提高，且其中 2、6 号配方处理后达到了国家富硒稻米标准。

综上所述，水稻大田试验加入不同配方的钝化剂后，不仅显著地降低了稻米中的 Cd 含量，而且大部分配方保持或提高了稻米 Se 的含量，生产出了符合国家标准的富硒稻米。

（2）稻米中 Zn 含量特征。

5 块试验田中糙米 Zn 分析结果及相对于空白（0-未加入钝化剂）的增减率见图 2-27。

研究 A 区的 2 块试验田中，除 MGT-01 的 7 号配方处理对应的稻米中 Zn 含量略有增高（增高 4.5%～9.5%）外，其余田块 Zn 含量均有不同程度的下降，下降幅度为 4%～25%。总体上不同试验田加入钝化剂后，稻米中 Zn 的含量呈下降趋势变化。

对于研究 B 区的 3 块试验田，除 SGT-02 的 4、5 号配方处理后稻米的 Zn 含量略有增高外，其余处理稻米 Zn 含量均有不同程度的下降，下降幅度为 4%～18%。总体上不同试验田加入钝化剂后，对稻米中 Zn 含量影响小于研究 A 区。

本次试验加入不同钝化剂配方后，总体上稻米中的 Cd 均有较显著的下降，而 Zn 也普遍降低。作为衡量稻米食品安全风险的 Cd/Zn 比值，除极个别的处理 Cd/Zn 比值略有增高外，大部分 Cd/Zn 均有不同程度的下降，下降率为 1%～60%，一半以上的小区 Cd/Zn 下降率在 30% 以上。因此，本研究中钝化剂不仅降低了稻米中的 Cd 含量，而且也降低了 Cd/Zn，从这两个方面衡量均降低了稻米的健康风险。

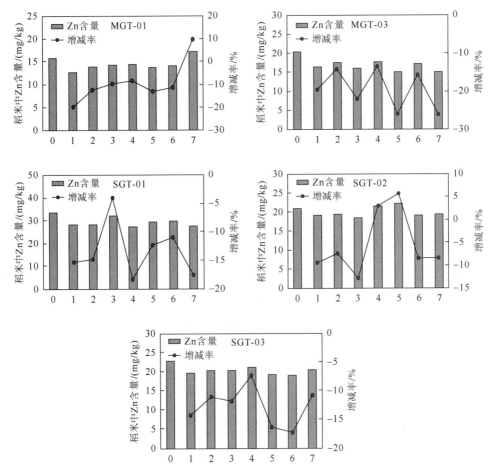

图 2-27　钝化剂配方对大田试验稻米中 Zn 含量的影响

5）对水稻产量的影响

为确定钝化剂对水稻产量的影响，委托当地农技站技术人员按照有关农作物测产规范，进行试验田水稻理论测产。

试验田水稻理论测产结果及增减率见图 2-28。除极个别的试验小区中水稻产量略有下降外，其余产量均有不同程度的增长，一般增长率在 5%～10%。这表明，加入不同钝化剂配方后不仅显著地降低了糙米中 Cd 的含量，而且水稻产量基本保持不变或有所增长。

6）大田试验土壤容重的变化

土壤容重是衡量土壤耕性的重要指标之一，适宜的土壤容重有利于作物根系

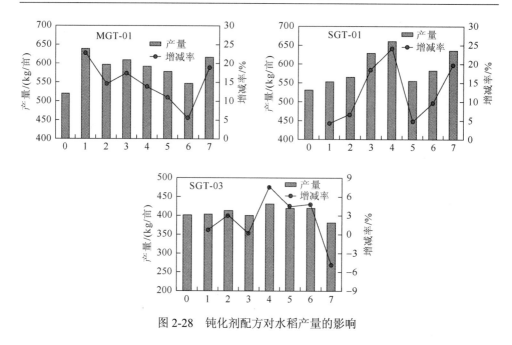

图 2-28　钝化剂配方对水稻产量的影响

的生长以及作物对水分及养分的吸收。一般耕作层土壤容重为 $1\sim1.3g/cm^3$，土层越深则容重越大，可达 $1.4\sim1.6g/cm^3$。土壤容重变小可以改善土壤结构和透气透水性能。

为检验钝化剂对土壤容重的影响，分别从两个研究区各抽取 2 块试验田，在每个试验小区内选取 5 个点采用环刀法对土壤容重进行测试，将其平均值作为该小区土壤的容重。加入不同钝化剂配方后土壤容重的测试结果及相对于空白（0-未加入钝化剂）的降低率见图 2-29。

从上述结果中可以看出，加入不同配方的钝化剂后，土壤容重均有不同程度的降低，其降低率在为 1.35%～25.19%，这表明施用不同配方的钝化剂后，降低了土壤的容重，改善了土壤的耕性。

钝化剂对土壤容重的影响与土壤的初始容重有关。研究 A 区中，两块试验田原土壤容重均小于 $1.3g/cm^3$，加入不同配方的钝化剂后降低率较小，降幅为 1.35%～11.73%；而研究 B 区两块试验田原土壤容重较大，均在 $1.4g/cm^3$ 以上，加入不同配方的钝化剂后，容重降幅在 8.93%～25.19%，其降低率相对较大。可见对原来土壤容重较大的土壤，施入不同配方的钝化剂后对土壤结构的改良效果更明显。

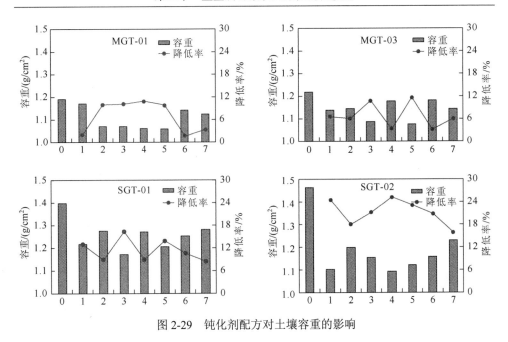

图 2-29　钝化剂配方对土壤容重的影响

土壤容重的降低显然与配方中的生物质炭含量关系密切，如 5 号钝化剂配方生物质炭的加入量为 $2kg/m^2$，是生物质炭加入量最多的配方之一，在四块试验田中使土壤容重降低也最多。土壤容重降低与生物质炭具有多孔性且密度较低，及施入田间后对土壤有一定的稀释作用有关外，还可能与施用生物质炭后导致土壤微生物活性增加、团聚性增强，从而使土壤结构得到改善有关。

二、川芎大田试验

1. 试验方法

研究 B 区选取的试验田（SGT-04）耕作方式为水稻-川芎轮作，面积 $60m^2$，土壤中 Cd 含量为 1.46mg/kg。根据前期试验结果，采用 4 种钝化剂配方，所有配方中均添加石灰（用量 $0.05\sim0.2kg/m^2$）和生物质炭（用量 $1\sim2kg/m^2$）；钙镁磷肥在 4 号配方中添加，用量 $0.02kg/m^2$；膨润土在 3、4 号配方中添加，添加量 $0.1\sim0.15kg/m^2$，同时设置空白试验。将配方施入试验小区后，用爬犁将其与土壤混合均匀，3 天后种植川芎，日常农田管护按当地生产习惯进行。

川芎成熟后，在农民收获之前进行取样。每块试验小区里按对角线法取

6 株植物合成 1 件川芎根茎样品及根系土样品，为验证钝化剂对整株川芎中 Cd 含量的影响，对试验田中川芎的地上部分（茎叶）也采集了样品。川芎根茎和地上部清洗后在 50℃下烘干；根系土风干过 20 目筛待测。

2. 试验结果分析

1）钝化剂对土壤 Cd 有效态含量的影响

图 2-30 为不同钝化配方对土壤中 Cd 有效态含量的影响结果，其中 0 代表空白试验，1～4 代表 1～4 号配方处理。可见 4 种钝化剂配方均可明显降低土壤中 Cd 的有效态含量，下降幅度为 27%～50%。其中 2 号配方使土壤中 Cd 有效态含量下降最多，这与其中含有最高含量的石灰有关，相关分析也表明土壤中 Cd 有效态含量与石灰的添加量呈显著的负相关关系（$p < 0.05$），说明石灰的增加可以直接降低土壤中 Cd 的活性。虽然土壤中 Cd 有效态含量与配方中生物质炭的含量没有显著的相关性，但总的来说其随着生物质炭添加量的增加而下降。

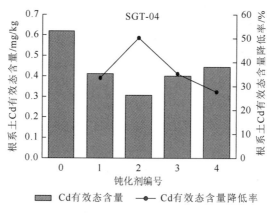

图 2-30　钝化剂对土壤中 Cd 有效态含量的影响

2）钝化剂对土壤 pH 和有机质含量的影响

图 2-31、图 2-32 为不同钝化剂配方对土壤 pH 和有机质含量的影响结果。同水稻田间试验结果相似，各钝化剂处理间 pH 和有机质含量的变化幅度较大，其增幅为 10%～35%。但是总的来说，钝化剂使土壤的 pH 和有机质含量明显增加，这有助于降低土壤中 Cd 的有效态含量。

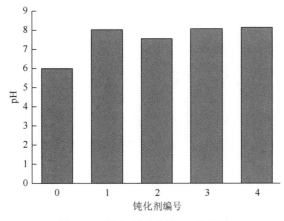

图 2-31　钝化剂对土壤 pH 的影响

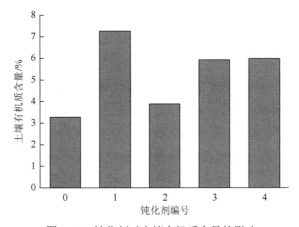

图 2-32　钝化剂对土壤有机质含量的影响

3）钝化剂对川芎中 Cd 含量的影响

图 2-33 为不同钝化配方对川芎中 Cd 含量的影响结果。

不同钝化剂均可以使川芎根茎和地上部茎叶中的 Cd 含量下降（图 2-33），根茎中 Cd 含量下降了 12%～37%，而地上部 Cd 含量下降得更为明显（16%～43%），其中 3、4 号配方的效果对于整株川芎都比较稳定，能够使 Cd 含量下降 30%～40%。相关分析结果表明，川芎根茎和地上部中 Cd 含量与钝化剂中石灰和生物质炭添加量间没有显著的线性关系，但植株中 Cd 含量随土壤中两种物质含量的增加呈下降趋势。配方中钙镁磷肥和膨润土的用量较小，不过从效果来看，未添加它们的配方（1、2 号）效果不如添加后（3、4 号配方）稳定，说明钙镁磷肥和膨润土可以辅助增强 Cd 的固定效果。

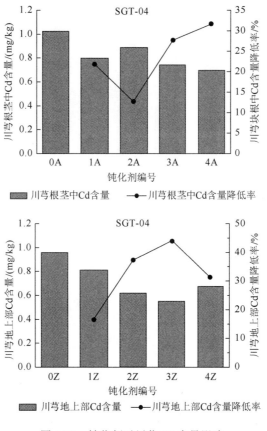

图 2-33　钝化剂对川芎 Cd 含量影响

4）钝化剂对川芎中 Se 含量的影响

图 2-34 为不同钝化配方对川芎中 Se 含量的影响结果。

不同钝化剂对川芎根茎中 Se 含量影响不同，1、2 号配方使根茎中 Se 含量增长 16%～19%，3、4 号配方略微降低了 Se 的含量；与块根不同，所有钝化剂配方剂使川芎地上部分 Se 含量有所增加，最高增加了 30%，且地上部分 Se 含量明显高于块根中含量。一般川芎块根作为中药材不会被人们普遍食用，而川芎地上部则被当地居民作为日常蔬菜，因此本研究所用钝化剂可以在减少居民 Cd 摄入量的同时增加 Se 摄入量，从而进一步减轻 Cd 的毒害。

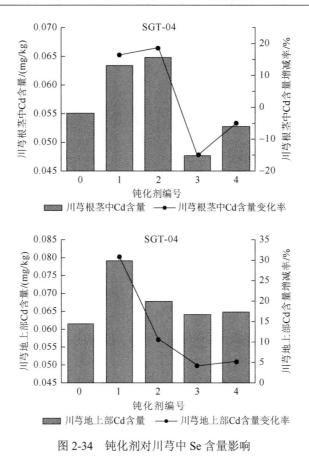

图 2-34　钝化剂对川芎中 Se 含量影响

第五节　钝化剂效果持续性初步检验

钝化剂效果的持续性是指其对土壤中重金属钝化效果随外界条件的变化所能维持的时间，持续性较好的钝化剂显然可以减少土壤修复的工作量，并降低修复成本，从而使修复技术更易推广。因此钝化剂效果的持续性是衡量钝化修复效果的重要指标。

一、试验田

分别在研究 A 区 MGT（M）-01（原 MGT-01）试验田和研究 B 区 SGT（M）-02（原 SGT-02）、SGC-6（原 SGT-03）试验田进行钝化剂效果持续性的研究。这三块试验田中，MGT-01、SGT-02 种植水稻之后，于当年 10 月份种植小麦，按当地种植习惯采用不翻耕土地的直播方式，原试验小区中的田埂和灌溉渠仍然保存；SGT-03 在水稻收获后，于当年 9 月份种植川芎，同样未进行土地翻耕，并保存田埂和灌溉渠。

二、试验结果分析

1. 钝化剂对土壤中 Cd 有效态含量的影响

由图 2-35 可知，在经历水稻和后续小麦、川芎的种植后，土壤中 Cd 的有效态含量没有提高，继续维持了大幅度下降，使总 Cd 含量较低的 MGT（M）-01 的 Cd 有效态含量下降了 30%～45%，总 Cd 含量较高的 SGT（M）-02 和 SGC-6 也大都下降了 40%～65%。这与崔立强（2011）等的研究结果相似，其向土壤中单独施用生物质炭（20～40t/hm²）来钝化重金属，在第二茬作物收获后也发现了

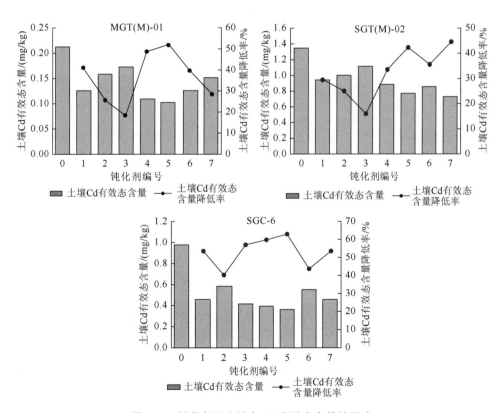

图 2-35　钝化剂对土壤中 Cd 有效态含量的影响

土壤中重金属的有效态含量持续下降。产生这种现象的原因可能与生物质炭与土壤的混合程度有关，随着生物质炭进入土壤时间的延长，其与土壤矿物和腐殖质之间产生了复杂的结合作用，促进土壤结构的缓慢改变，增强了土壤对重金属的吸附固定能力，此过程的具体机理有待于进一步研究。

2. 钝化剂对农作物中 Cd 含量的影响

图 2-36 为续种作物中 Cd 含量的变化，无论小麦籽实还是川芎根茎中 Cd 的含量都明显下降。其中土壤 Cd 含量较低的 MGT（M）-01 中小麦籽实中 Cd 含量下降了 12%～27%，基本达到了 GB 1351—2008 规定的 0.1mg/kg 的限值；SGT（M）-02 中小麦籽粒 Cd 含量下降了 16%～34%。SGC-6 中川芎根茎 Cd 含量下降了 18%～36%，与钝化剂施入后即种植川芎的 SGT-04 相比，Cd 含量下降率保持了较为稳定的水平。可见在农作物续种过程中，钝化剂仍然对 Cd 起到了良好的固定效果。

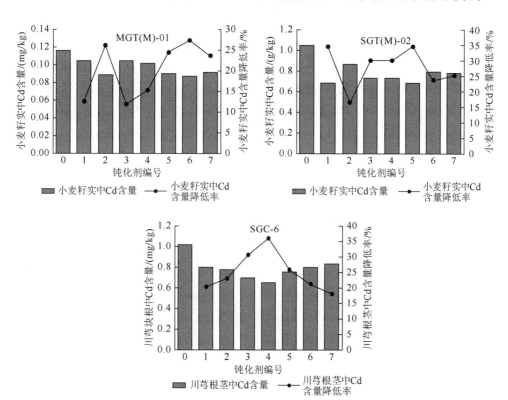

图 2-36 钝化剂对续作作物中 Cd 含量的影响

3. 对土壤 pH 和有机质含量的影响

图 2-37、图 2-38 为 3 块试验田中 pH 和有机质含量的测定结果，其中 0 代表空白试验，1～7 代表 1～7 号配方处理。在钝化剂的持续作用下，3 块试验田中所有小区的土壤 pH 有所提高，3 种土壤的有机质含量在绝大部分小区中有所提高全部提高，但是提高的程度没有明显的规律性。pH 和有机质含量的不规则变化一方面是由于大田试验的误差较大，另一方面也与试验田未进行土地翻耕，钝化剂在土壤中可能分布不均匀有关。但是总的来说，3 种土壤 pH 和有机质含量保持了上升的趋势，说明钝化剂在持续起作用。

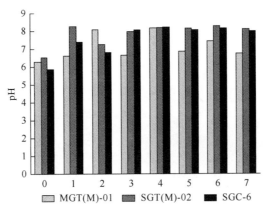

图 2-37　钝化剂对土壤 pH 的影响

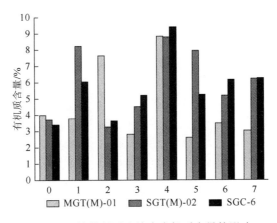

图 2-38　钝化剂对土壤中有机质含量的影响

第六节　原位钝化修复试验的讨论与结论

本研究在对土壤原位钝化修复技术数年研究的基础上，参考国内外相关成果，结合研究区实际情况选取石灰、生物质炭、膨润土和钙镁磷肥作为重金属钝化剂的成分。首先通过实验室土壤培养试验分析各成分对土壤 pH 和 Cd 有效态含量的影响，进而通过盆栽试验得到各成分添加量与土壤 Cd 有效态含量、pH，以及稻米川芎中 Cd 含量的关系，并以此为基础进行田间修复试验，得到几种修复效果良好的钝化剂配方。这些试验的目的是为了指导实际土壤修复工作，因此本研究为重金属污染农田的修复提供了较为完整的可操作的方法。

1. 原位钝化修复技术与本研究钝化剂配方成分选择

经过多年研究，人们已经认识到重金属在土壤中存在多种形态，而其毒性也与其形态密切相关，植物吸收重金属的量取决于土壤中有效态重金属的含量，而不是土壤中重金属的全量（Basta et al.，2004），因此，将重金属向活性较低的形态转变即可控制其毒性；从操作成本考虑，原位修复较异位修复具有明显的优势，由此发展而来的重金属原位钝化修复技术逐渐受到各国学者的重视。这种技术是通过向土壤中加入钝化剂，调节和改变土壤的理化性质，使其发生沉淀、吸附、离子交换和氧化/还原等一系列反应，降低其在土壤环境中的生物有效性，从而减少这些重金属元素对动植物的毒性（Castaldi et al.，2005）。本研究地区的农田土壤都普遍受到重金属 Cd 的污染，且绝大部分污染土壤为酸性，Cd 的有效性较高，导致稻米 Cd 含量严重超标，迫切需要进行土壤修复。两研究区的污染土壤 Cd 含量适中，且不能停止农田生产进行污染治理，所以原位钝化修复是最适合的修复技术。

在以往的研究中，多种物质被用于重金属污染土壤的钝化修复，本研究选取的钝化剂成分包括石灰、膨润土、钙镁磷肥和生物质炭。对于酸性土壤，施用石灰是抑制植物吸收重金属的有效措施（王新等，1994），其主要作用在于提高土壤 pH，促进重金属生成难溶盐类和氢氧化物沉淀以及土壤矿物和有机质对重金属的吸附，同时 Ca 对 Cd 有拮抗作用（Tyler and Mcbride，1982；夏汉平，1997），故石灰在重金属污染土壤的治理中被广泛应用；膨润土是一种黏土矿物，对重金属具有较强的吸附固定作用，本研究所采用的膨润土产于三台县，性能优良且价格便宜；钙镁磷肥可以与重金属形成难溶性的磷酸盐和硅酸盐等，而降低重金属的迁移性（钱海燕等，2007），且其中含有的 Si、P、Ca、Mg 等营养成分有利于水稻的生长；生物质炭是近些年来受到重视的土壤修复材料，是由秸秆等生物质材料制成，其本身为碱性，能够提高土壤 pH，且其疏松多孔的结构及丰富的表面基团能够吸附重金属，含有的多种植物营养元素则能促进农作物的生长（Lehmann et al.，2011）。所以这些物质都对重金属具有良好的固定作用。为了防止上述物质对土壤环境的过度影响，在试验中严格控制其用量，以期达到开发高效、经济、环境友好和使用简单的钝化剂的目的。

2. 复合钝化剂配方的优势

如前所述，对于大面积中轻度重金属污染的土壤，原位钝化修复是非常适合的修复技术，但是钝化剂使用不当，也会带来一系列的问题。研究表明，修复过程中大量使用石灰，会使土壤 pH 过度升高而导致农作物减产；同样，膨润土等黏土矿物单独使用时需要较大的用量，长期使用可能会造成土壤质地黏重，耕性降低（郭观林等，2005）。有机质对土壤重金属的影响则更加复杂，一般认为，土壤有机质含量的增加能够增强土壤对重金属的吸附性，降低重金属的有效性，但是一些研究得出了相反的结果：在长期连续施用有机肥后，随着土壤有机质含量的增加，对重金属产生了明显的"活化作用"，使土壤中 Cd、Pb、Cu、Zn 等的有效态含量显著提高。有机物能够提高土壤中重金属的活性，一方面因为其本身含有重金属，尤其是一些集约化养殖场产生的畜禽粪便中重金属的含量较高；另一方面也可能与其在分解过程中产生酸性物质从而降低了土壤 pH 有关，当长期施用有机物质后，两方面作用逐渐累积而使重金属活性增加（刘景等，2009；王开峰等，2008；谭长银等，2009）。

因此，无论从环境保护还是成本控制考虑，减少石灰等物质的用量是很必要的。但是，减少钝化剂用量可能会影响钝化修复效果，而复合配方则可以解决此问题。本研究采用四种物质作为钝化剂配方，其中石灰、钙镁磷肥和膨润土的用量都比较小；作为有机组分的生物质炭本身具有很高的稳定性，在土壤中分解矿化的速度缓慢（Kuzyakov et al.，2014），可避免产生大量酸性物质而使重金属的有效性增加。从钝化试验结果来看，效果良好且稳定的配方均由三种以上物质组成，如培养试验的 13、23、24 号配方，盆栽试验的 3、4、10、11 号配方和大田试验的 4、5 号配方。这说明一定配比的以上物质很可能产生协同作用以控制土壤中 Cd 的活性，其具体的作用机制有待于进一步研究。

3. 本试验钝化剂的效果

重金属污染农田的原位钝化修复效果，直接体现在农作物中重金属含量的变化上。以往的研究中单独或联合应用钝化剂抑制土壤中重金属的生物有效性，这些钝化剂包括石灰、钙镁磷肥、黏土矿物、尾矿砂等无机物，及腐殖酸、泥炭、畜禽粪便、稻草等有机物，且一般钝化剂联合应用的效果要好于单独应用（王新等，1994；李瑞美等，2002；李瑞美等，2003；Bolan et al.，2003）。近些年来生物质炭用于土壤修复的研究在我国迅速增加，由多种生物质生产的生物质炭在不同种类的土壤中能够有效降低 Cd、Pb、Cu、Zn 等重金属的生物有效性，从而降低水稻、小麦等农作物中重金属的含量；同时可以改善植物营养条件，促进农作物增产（崔立强，2011；侯艳伟等，2011；刘晶晶等，2015；曲晶晶等，2012；杨亚鸽等，2013），但在以往的研究中，生物质炭大都单独使用，其与其他钝化剂的联合使用少见报道。与以往工作取得的成果比较，本研究盆栽和大田试验所采用的钝化剂配方大多能使稻米中 Cd 的含量下降 30%～50%，其中大田试验的 4、5 号配方效果更好，稻米 Cd 含量的下降率可达 50%～70%，达到或超过了以往的研究结果。

4. 钝化剂对土壤性质、水稻产量和品质的影响

原位钝化修复的过程中要向土壤中加入一种或多种修复材料，这些物质必然会对土壤理化性质产生影响。如前所述，单独使用无机或有机材料可能会对土壤性质产生负面影响，如石灰的大量使用会使土壤 pH 过高，有机肥则有可能使重金属活化。因此多种材料配合的钝化剂配方得到了广泛的研究，使各材料之间能够取长补短，本研究即采用这种形式的配方。与以往多采用两种材料

配合使用不同的是，本研究所用配方含有三种或四种材料，结果表明钝化剂在控制土壤重金属有效性的同时能够改善土壤性质。

（1）对土壤 pH 的影响：无论是培养试验、盆栽试验，还是大田试验中，土壤的 pH 均未过度提高，大部分配方可以将土壤 pH 调节到 6.5～7.5，这样的 pH 既可以有效降低土壤 Cd 有效态含量，也不会对水稻的生长产生明显影响。

（2）对土壤有机质含量的影响：生物质炭的引入增加了土壤有机质含量，起到了保水保肥的作用。

（3）对土壤容重的影响：生物质炭使土壤容重明显降低，根据土壤初始容重的不同，可以使容重降低 5%～25%，大大改善了土壤结构和耕性。

正因为土壤性质没有过度变化且有所改善，Cd 的生物有效性也受到有效控制，所以田间试验中水稻产量基本保持不变或有所增加；稻米中 Se 含量也都达到了国家规定的富硒稻米标准，保持了当地农产品的特色。

5. 钝化剂效果的持续性

一般来说，钝化剂施入土壤后对重金属的固定作用会经历一个先增加后下降的过程，石灰等化学钝化剂会快速与土壤中的重金属发生作用使重金属的有效性迅速下降，随着时间的延长其钝化作用会较快削减；而有机肥等有机钝化剂的作用正相反。由水稻和续作作物中 Cd 含量和根系土中 Cd 有效态含量变化的分析可知，本研究所采用的钝化剂配方不仅可以快速降低土壤中 Cd 的生物有效性，而且其作用效果较为持久，但是钝化效果能够持续多长时间尚不清楚，是值得研究的问题。

综上所述，本研究的钝化剂（尤其是大田试验的 5 号配方）可以在农田生产的同时以较少的使用量有效降低土壤中 Cd 的有效性和稻米中的 Cd 含量，同时能够改善土壤理化性质，促进水稻增产，并生产出符合国家标准的富硒稻米。其成本低廉、使用方便、环境友好、安全高效，特别适用于大面积重金属污染农田的修复，具有广阔的应用前景。

第三章　植物修复试验

　　植物修复是指利用植物转移、容纳或转化环境介质中有毒有害污染物，使其对环境无害，使污染环境得到修复与治理。植物修复技术是真正意义上的"绿色修复技术"，与其他物理化学修复技术相比，具有成本低、环境友好、适用范围广等优点。

　　利用植物修复重金属污染土壤已被越来越多的研究人员所推崇，也得到了社会的认可和关注，是一个前景广阔的研究领域。在植物修复中，超积累植物修复因其具有修复效果好、经济和环保等优势而有较好的应用前景（Ali et al.，2012；王庆海等，2013；邢艳帅等，2014）。在目前已发现的 400 多种超积累植物中（Sun et al.，2009a），龙葵是我国学者发现的一种 Cd 超积累植物，具有生物量大、强耐受性、强繁殖能力和强富集能力等优势（魏树和等，2004）。除此之外，在本次研究中发现，研究 B 区的烟叶中 Cd 含量高达 33mg/kg，并已有研究证实烟草对重金属 Cd 具有很强的吸收积累能力（雷丽萍等，2011），是很有潜力的重金属超积累植物，因此可尝试用烟草作为超积累植物来修复Cd 污染土壤。

　　为了提高植物的修复效率，可以通过添加有机酸等螯合剂来提高土壤中重金属的有效性，以增加单季植物对重金属的吸收量。已有研究证实，向土壤中施加有机酸类物质，可改变重金属 Cd 的形态并促进其释放，增强植物吸收和积累土壤中的 Cd，提高超积累植物的修复效率；而目前应用最为广泛的螯合剂是柠檬酸（CA）和 EDTA（沈振国等，1998；Chen et al.，2004；Luo et al.，2005；Quartacci et al.，2005）。柠檬酸和 EDTA 可改变重金属 Cd 的形态并促进其释放，进而加强植物吸收和积累土壤中的 Cd，因此常用于强化 Cd 污染土壤的植物修复（Zhang et al.，2014；Vigliotta et al.，2016；陈良华等，2016）。

　　本次研究，在两个研究区各选取 2 个 Cd 污染程度不同的农田土壤，采用龙葵和烟叶作为修复植物，以柠檬酸和 EDTA 作为螯合剂，利用室内盆栽试验，探索不同浓度下螯合剂对龙葵、烟叶修复成都平原中 Cd 污染土壤的效果以及对土壤酸碱性变化的影响，以期为龙葵和烟叶在螯合剂的作用下对受 Cd 污染的土壤修复提供科学依据。

第一节　试 验 方 法

一、供试土壤

在两个研究区分别选取 Cd 污染程度不同的两种土壤，土壤类型均为水稻土，样品编号 MZT-01、MZT-02 和 SZT-01、SZT-02。供试土壤情况见表 3-1。

表 3-1　供试土壤 Cd 含量及 pH

研究区	土壤编号	Cd 含量/(mg/kg)	pH
研究 A 区	MZT-1	1.29	7.09
	MZT-2	0.89	6.16
研究 B 区	SZT-1	2.18	5.46
	SZT-2	1.24	5.04

二、超积累植物选择

利用植物修复 Cd 污染土壤受到越来越多的研究人员的重视和推崇，其关键是找寻更多超积累植物。超积累植物的概念是在 1977 年由 Brooks 等首次提出，1983 年 Chaney 等首次提出运用超积累植物去除土壤中重金属污染物的设想。目前，国内外已发现的各类超积累植物有 400 多种（Sun et al.，2009a）。Cd 的超积累植物近年来也陆续被发现，其中的龙葵（*Solanum nigrum* L.）是由我国科学家发现的 Cd 超积累植物（魏树和等，2004），具有抗逆境能力强、生长迅速、繁殖能力强以及在环境条件适宜情况下生物量较大等特点。研究表明，盆栽模拟实验中，在 Cd 投加浓度为 25mg/kg 的条件下，龙葵茎和叶中 Cd 含量分别为 103.8mg/kg 和 124.6mg/kg，超过了 Cd 超积累植物应达到的临界含量标准 100mg/kg，而且其地上部 Cd 富集系数为 2.68，地上部 Cd 含量大于其根部 Cd 含量，植物的生长未受抑制，这些特点均满足 Cd 超积累植物的衡量标准；小区实验也表明，龙葵对 Cd 的富集特性均符合 Cd 超积累植物的基本特征（魏树和等，2004）。

烟草是研究 B 区广泛种植的经济作物，烟叶中 Cd 含量高达 33mg/kg。已有的研究也表明（Bache et al.，1986；王树会等，2008），烟草是 Cd 的富集作物，Cd 将其大量累积在根部和叶片中，最高可达到 70mg/kg[1]，富集系数通常为 5～20。

本次修复试验研究，选择龙葵、烟草作为修复植物，考察在不同螯合剂情况下对土壤 Cd 的吸收情况。

三、重金属螯合剂

为促进植物吸收土壤中重金属元素的能力，提高植物修复的效率，可向土壤中施加柠檬酸（CA）和 EDTA 等螯合剂。Zaheer 等（2015）利用费萨尔油菜修复 Cu 污染土壤时，发现柠檬酸可显著增加植物生物量、叶绿素含量，并且还能增加对 Cu 的吸收；刘萍等（2012）将柠檬酸用在 Cd-Pb 复合污染的土壤中，对植物生长起到了一定的促进作用，并且龙葵对 Cd 的富集系数可达到 3.59；张玉芬等（2015）研究柠檬酸和 EDTA 对蓖麻修复土壤时，发现柠檬酸与 EDTA 联用使蓖麻单株总 Cd 富集量达到 74.59μg，是对照组的 2.98 倍；刘金等（2015）研究苎麻在 Cd、Pb 混合污染下螯合剂对其吸收重金属的影响，得出 EDTA 的施加极大地促进了苎麻各部位对 Cd 和 Pb 的吸收；王坤等（2014）研究发现龙葵在土壤 Cd 含量相同的情况下，地上部分植物吸收 Cd 量以 EDTA 处理最大。

根据前人的研究成果，本次试验选用柠檬酸、EDTA 作为螯合剂，比较它们在不同浓度下对植物吸收重金属的影响。

四、盆栽试验设计

1. 螯合剂添加量及处理设计

植物修复螯合剂添加量及处理设计见表 3-2。

表 3-2　植物修复螯合剂添加量及处理设计

螯合剂/mmol/kg	研究 A 区	研究 B 区
	龙葵	烟叶
柠檬酸	1（A组）、5（B组）、10（C组）	5（A组）、10（B组）
EDTA	1（D组）	1（C组）

研究 A 区龙葵试验共设 5 个处理（CK、A、B、C、D），3 次重复。具体处理：CK 组为不添加螯合剂，A 组添加柠檬酸浓度为 1mmol/kg，B 组添加柠檬酸浓度为 5mmol/kg，C 组添加柠檬酸浓度为 10mmol/kg，D 组添加 EDTA 浓度为 1mmol/kg。

研究 B 区烟叶试验共设 4 个处理（CK、A、B、C），3 次重复。具体处理：CK 组为不添加螯合剂，A 组添加柠檬酸浓度为 5mmol/kg，B 组添加柠檬酸浓度为 10mmol/kg，C 组添加 EDTA 浓度为 1mmol/kg。

2. 装盆

将 3kg 供试土壤样品与 20g 复合肥均匀混合，并装入已编号的塑料盆（直径 25cm，高 25cm）中，调节土壤含水量到田间持水量。

3. 种植

选取成熟饱满的龙葵种子经消毒后，用去离子水浸泡 24h，将种子撒入塑料盆中，在温室内培育发芽。当幼苗生长到 8cm 左右时，每盆保留长势良好、大小一致的幼苗两株，并将塑料盆移至露天培养。12 天后，只留 1 株长势最好的龙葵。在第 15、22、30 天时分别向盆中加入柠檬酸或 EDTA。

烟叶为研究 B 区当地农户培育的幼苗。选取长势良好、株高 10cm 左右的烟草幼苗 1 株移栽于塑料盆中。在移栽后的第 14、21、29 天时，分别向盆中加入柠檬酸或 EDTA。

4. 样品采集及处理

龙葵（76 天）和烟叶（80 天）成熟收获后，将植物地上部分用自来水冲洗后，用去离子水洗净，105℃下杀青 30min，然后在 70℃下烘至恒重，称量干物质重量，烘干并密封保存。

将根系土装入专用布袋，并于自然光下晾干，研磨过 20 目筛并装入信封保存。

植物及根系土样品送成都综合岩矿测试中心分析测试。

第二节　龙葵植物修复结果及分析

一、龙葵生物量的变化

柠檬酸和 EDTA 对龙葵生长量的影响见表 3-3。随着柠檬酸浓度的增加，两种土壤中龙葵的生物量表现出不同的变化趋势。在 MZT-01 土壤中的植株，添加了螯合剂的生物量均比 CK 组下降了 19.21%～56%，但只是 CK 与 D 处理之间表现出差异显著，这可能是因为 EDTA 的毒性严重影响到龙葵的生长。在 MZT-02 土壤中的植株，低浓度螯合剂 A、B、D 处理时，与 CK 比较，生物量虽未有显著性差异的增加，但在平均生物量上增加了近 1 倍；而高浓度柠檬酸 C 处理时，生物量却略有下降。

表 3-3　龙葵植物修复分析结果

处理	螯合剂浓度 /(mmol/kg)	茎叶生物总量/(g/pot[1])		茎叶富集系数		根系土 pH		龙葵 Cd/(mg/kg)	
		MZT-01	MZT-02	MZT-01	MZT-02	MZT-01	MZT-02	MZT-01	MZT-02
CK	0	15.51± 3.28b	3.89± 2.73a	5.26	14.2	6.35± 0.23b	4.91± 0.13a	6.78± 1.35a	9.8±5.35b
A	柠檬酸 1	12.53± 6.4ab	7.44± 0.21a	7.75	18.43	5.77± 0.17a	4.96± 0.13a	10±3.11a	16.4±1.03c
B	柠檬酸 5	12.12± 1.49ab	7.32± 4.31a	8.53	19.33	5.57± 0.04a	5.01± 0.09a	11±2.31a	17.2±2.45c
C	柠檬酸 10	10.62± 1.39ab	3.37± 1.59a	7.88	11.43	5.58± 0.22a	4.94± 0.14a	10.17± 2.88a	13.91±4.7bc
D	EDTA1	6.83± 3.24a	5.55± 1.21a	4.39	2.92	5.85± 0.1a	5.12± 0.22a	5.66±1.6a	2.6±1.12a

注：表中不同小写字母代表在 0.05 水平上差异显著。

二、龙葵茎叶中 Cd 的含量

不同螯合剂加入土壤后，龙葵茎叶中 Cd 含量的变化见表 3-3、图 3-1。

A 处理后，两种土壤中龙葵 Cd 含量均有升高，并且 MZT-02 龙葵的 Cd 含量显著升高。B 处理后，两种土壤中龙葵 Cd 含量继续上升，但上升趋势已减缓。C 处理后，两种土壤中龙葵 Cd 含量均比 B 处理后的低，其中 MZT-02 龙葵中 Cd 的含量发生了骤降，但比 CK 中龙葵 Cd 含量高，与 A 处理后的相当。在试验中 A、

B、C 处理与 CK 比较，龙葵中 Cd 的含量均有升高，并且在 B 处理时达到峰值。不同螯合剂对两种土壤中的龙葵 Cd 含量的方差分析结果表明（图 3-1），无论对于 MZT-01 或者 MZT-02，添加不同的螯合剂后，龙葵中 Cd 的含量与 CK 相比变化不显著（$p > 0.05$），各螯合剂处理之间龙葵中 Cd 含量差异也不明显（$p > 0.05$），只是 MZT-02 中添加 EDTA 与其余螯合剂相比变化显著（$p < 0.05$），说明试验所用螯合剂对龙葵吸收两种土壤中的 Cd 没有显著的促进作用。

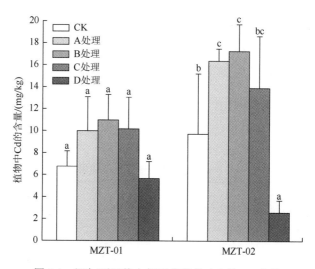

图 3-1　添加不同螯合剂后龙葵茎叶中的 Cd 含量

　　外源有机酸在一定程度上能够通过活化作用而使土壤中重金属活性提高，并释放出来增加其迁移性，利于植物吸收（胡浩等，2008；Blaylock et al.，1997），但外源有机酸浓度过大会降低植物修复的效率（刘萍等，2012）。本试验也发现，添加柠檬酸在一定程度上对龙葵吸收 Cd 起到了较为明显的促进作用，但添加高浓度柠檬酸时，龙葵对 Cd 的吸收量开始降低。这可能是因为龙葵是重金属 Cd 超积累植物，根系分泌特殊酸性物质活化 Cd 并降低毒性的作用，而柠檬酸过高会导致龙葵体内产生强烈的抗氧化防御，阻止 Cd 大量进入植物体内。

　　虽然 EDTA 可在很大程度上增加土壤溶液中 Cd 的浓度（蒋先军等，2001），甚至能提高龙葵对 Cd 的富集量，但因其具有一定毒性，当浓度较高时会抑制龙葵的正常生长（Sun et al.，2009），进而造成修复成本增大。本次试验也发现，无论 EDTA 加入低污染的 MZT-02 中还是高污染的 MZT-01 中，龙葵的生长情况均明显弱于其余对照组，并且茎叶中的 Cd 浓度低于 CK 组，明显低于加入柠檬酸的。

三、龙葵茎叶中 Cd 的吸收量

龙葵地面以上的吸收量是茎叶 Cd 含量与地面以上龙葵生物量的乘积，是能非常直观地反映植物修复效果的量。螯合剂对龙葵茎叶 Cd 吸收量的影响见表 3-3、图 3-2。

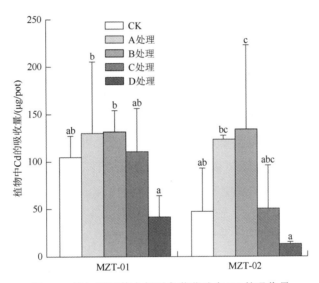

图 3-2　添加不同螯合剂后龙葵茎叶中 Cd 的吸收量

龙葵对 Cd 的吸收量呈现出先增大后减小的趋势，在两种土壤中龙葵的吸收量均在 B 处理时达到最大，且吸收量相当，其中 MZT-01 较空白上升了 26.54%，MZT-02 较空白上升了 179.74%。两组 CK 组对比，MZT-01 中龙葵的吸收量明显高于 MZT-02。由此说明，不用螯合剂处理的情况下，龙葵对高污染土壤中的 Cd 吸收效果更好；在螯合剂处理的情况下，龙葵对低污染土壤中的 Cd 吸收效果更为显著，并且在 B 处理的条件下达到 132.99μg/株的最大值，明显高于柠檬酸和 EDTA 强化蓖麻对高 Cd 供试土壤中 Cd 的积累量（32.85μg/株）（张玉芬等，2015）。

从表 3-3 和图 3-1 中可以看到两种土壤 30 件样品中龙葵茎叶生物总量与相应

样品 Cd 含量之间并没有显著的相关性，说明龙葵茎叶中 Cd 的含量并不严格受龙葵的长势影响。因此在植物中 Cd 含量变化不大的情况下，应主要考虑龙葵生物量的最大化，最终达到修复效果的显著化。

四、龙葵 Cd 的生物富集系数

植物对重金属的生物富集系数是评价超积累植物的重要指标之一（周启星等，2004）。从图 3-3 中可以看出，在 MZT-01 土壤中添加柠檬酸后，龙葵对 Cd 的富集系数达到了 7.75～8.53，明显高于空白组的 5.26；在 MZT-02 土壤中添加柠檬酸后，龙葵对 Cd 的富集系数达到了 11.43～19.33，整体上仍然高于 CK 组的 14.2，两种土壤中龙葵的富集系数均远超富集系数为 1 的衡量标准（魏树和等，2004），说明龙葵对成都平原土壤中的 Cd 具有较强的吸收作用。由于 EDTA 的毒性影响了龙葵的正常生长，不能准确反映龙葵对 Cd 的富集系数，所以未讨论在加入 EDTA 后，龙葵对 Cd 的富集系数。通常情况下，土壤中重金属的含量相对较低时，植物的富集系数就相对较高（魏树和等，2004；刘萍等，2012），此次研究同样符合此规律，在加柠檬酸的情况下，MZT-01 龙葵对 Cd 的富集系数仅为 MZT-02 的42.05%～68.94%。

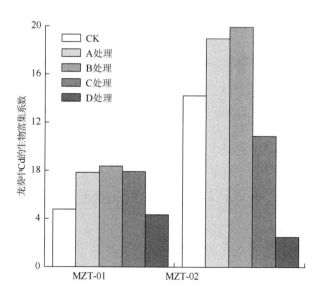

图 3-3　添加不同螯合剂后龙葵茎叶 Cd 的生物富集系数

五、根系土 pH 的变化

从图 3-4 中可以看出，在添加螯合剂后，MZT-01 中龙葵根系土的 pH 呈现下降的趋势，并且变化幅度较大，但是 MZT-02 中龙葵根系土的 pH 变化幅度较小，且呈现微弱的上升趋势，但还远低于中性土的下限值（pH 为 6.5），说明龙葵的根际环境应为酸性。方差分析结果表明（表 3-3），在 MZT-01 土壤中，不同的螯合剂添加后根系土 pH 与 CK 组相比变化显著（$p < 0.05$），但 MZT-02 中没有显著影响，这可能是因为龙葵根系本身分泌了大量的有机酸类物质，根际环境产生了明显的酸化，活化了重金属并促进其吸收进入龙葵体内，其中中性土壤影响根系分泌有机酸的作用较弱，从而表现出加螯合剂后，土壤 pH 明显降低；而酸性土壤影响根系分泌有机酸的作用较强，虽然加入的外源螯合剂对 pH 略有影响，但是与根系分泌的有机酸相比其作用十分有限。

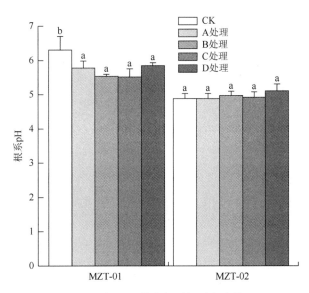

图 3-4　添加不同螯合剂后根系土中的 pH

植物在重金属的胁迫下，其分泌的有机酸会明显增多，进而导致重金属活性显著增强（孙琴等，2001）。而本次试验所用 MZT-01（中性土壤）Cd 浓度明显高于 MZT-02（酸性土壤），但 MZT-01 中龙葵茎叶中的 Cd 浓度却低于 MZT-02。这说明土壤的酸性环境是增强重金属 Cd 活性的主要因素，与郭智（2009）得出土壤 pH 是一个调节重金属移动性和生物有效性的重要因素，许多重金属在土壤酸性程度增强时，其移动性和生物有效性也相应增强的结论一致。所以龙葵在土壤酸性条件下修复效果最好，但在采用有机酸活化剂修复中碱性土壤时，又需注意修复后对土壤带来较明显的酸化影响。针对成都平原来看，土壤主要为中酸性，而且主要农作物为水稻，水稻中的 Cd 含量又与土壤的 pH 呈显著负相关，所以在修复时需要着重考虑活化剂给中性土壤带来的酸化影响。

六、结论

（1）本试验中龙葵对 Cd 具有很强的富集能力，并且添加柠檬酸的生长与 CK 组相比也未受到抑制，茎叶中 Cd 含量达到了 6.7～17.2mg/kg，总吸收量达到 51.11～132.99μg，富集系数达到了 5.26～19.33。而且在柠檬酸浓度为 5mmol/kg 时，龙葵在两种土壤 Cd 胁迫下的含量、吸收总量和富集系数均达到最大，并实现了高效率的修复目的。

（2）1mmol/kg 以上的 EDTA 对龙葵修复 Cd 污染土壤时，影响了龙葵的正常生长，导致吸收量很低，因此不适合用来强化龙葵修复成都平原受 Cd 污染的土壤。

（3）土壤的酸碱性是一个调节重金属活性的重要因素，龙葵在酸性土壤条件下修复效果最好，但在采用有机酸螯合剂修复中性土壤时，须注意修复带来的酸化影响。

第三节　烟草植物修复结果及分析

一、烟叶中 Cd 的含量

不同螯合剂加入土壤后，烟叶中 Cd 含量的变化见表 3-4、图 3-5。

结果表明，5mmol/kg 柠檬酸加入土壤后，两种土壤中烟叶 Cd 含量均比添加 10mmol/kg 柠檬酸和 CK 组的略高，但添加 10mmol/kg 柠檬酸后，SZT-01 中的烟草 Cd 含量稍高于 CK，而 SZT-02 则正好相反；添加 EDTA 后，两种土壤中烟叶 Cd 含量均比 CK 和添加柠檬酸后的略低，这可能是由于 EDTA 的毒性影响了烟草正常吸收重金属 Cd。螯合剂影响烟叶中 Cd 含量变化的方差分析结果表明（表 3-4），无论对于 SZT-01 或者 SZT-02，添加不同的螯合剂后，烟叶中 Cd 含量与 CK 相比变化不显著（$p > 0.05$），各螯合剂处理之间烟叶中 Cd 含量差异也不明显（$p > 0.05$），说明试验所用螯合剂对烟叶吸收两种土壤中的 Cd 没有显著影响。

表 3-4　烟草植物修复分析结果表

处理	烟叶 Cd/(mg/kg)		根系土 pH		根系土 Cd/(mg/kg)		烟叶 BCF$_{Cd}$	
	SZT-01	SZT-02	SZT-01	SZT-02	SZT-01	SZT-02	SZT-01	SZT-02
空白 CK	41.07±2.66a	41.13±4.8a	4.68±0.16a	4.46±0.09a	1.23±0.27a	0.84±0.02a	18.84	33.17
柠檬酸 5mmol/kg	45.47±10.94a	42.47±6.51a	4.67±0.1a	4.36±0.14a	1.16±0.2a	0.98±0.23a	20.86	34.25
柠檬酸 10mmol/kg	44.77±6.21a	31.63±2.97a	4.69±0.08a	4.39±0.05a	1.42±0.08a	0.96±0.02a	20.54	25.51
EDTA 1mmol/kg	27.53±6.33a	29.43±6.71a	4.57±0.08a	4.38±0.15a	1.45±0.1a	1.04±0.09a	12.63	23.74

注：表中不同小写字母代表在 0.05 水平上差异显著。

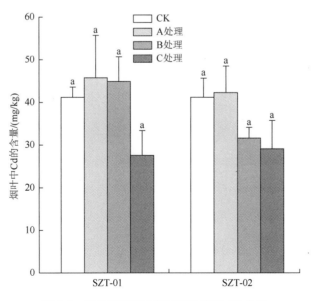

图 3-5　添加不同螯合剂后烟叶中的 Cd 含量

二、烟叶 Cd 的生物富集系数

从表 3-4、图 3-6 中可以看出，对于 SZT-01 和 SZT-02，烟叶对 Cd 的富集系数分别达到了 12～20 和 23～34，相对于重金属超积累植物的富集系数特征（BCF＞1）已达到 Cd 超积累植物的标准（魏树和等，2004）；相对于已经发现的 Cd 超积累植物龙葵、芥菜和红苋菜等（BCF 为 1～10）（魏树和等，2004；李玉双等，2007），烟叶的富集系数已非常高，说明烟草是很有潜力的 Cd 超积累植物。然而，添加螯合剂后，烟叶中 Cd 的生物富集系数并没有明显上升，反而在 SZT-02 中出现一定的下降现象，说明螯合剂对烟叶中 Cd 的生物富集影响作用不大。通常情况下，土壤中重金属的含量相对较低时，植物的富集系数就相对较高（刘萍等，2012；杨传杰等，2009），此次研究同样符合此规律，在加柠檬酸的情况下，SZT-01 烟叶对 Cd 的富集系数仅为 SZT-02 的 50%～80%。

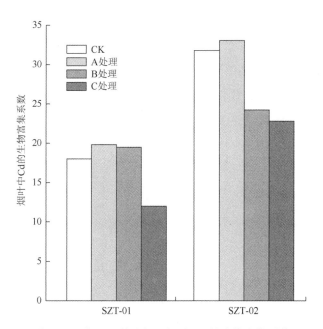

图 3-6　添加不同螯合剂后烟叶 Cd 的生物富集系数

研究 B 区种植的烟草是天然的 Cd 超积累植物。但应该注意到，在研究 B 区 Cd 污染土壤上种植的烟叶中 Cd 含量高，对烟叶品质和人体健康可能会产生不良影响。

三、根系土 pH 的变化

添加不同螯合剂后烟草根系土 pH 的变化见表 3-1、表 3-4。

对于两种土壤，添加不同螯合剂后基本可使根系土的 pH 有一定程度下降，但从实验结果分析来看两种螯合剂对根系土 pH 的影响没有明显的规律性。从方差分析结果来看（表 3-4），无论对于哪种土壤，不同的螯合剂添加后根系土 pH 与 CK 相比变化不显著（$p > 0.05$），三组螯合剂处理之间根系土 pH 差异也不明显（$p > 0.05$），说明试验所用螯合剂对根系土 pH 没有显著影响。但种植烟草后土壤 pH 与供试土壤相比，即使对于 CK 组，pH 下降也很明显，这可能是因为烟草根系本身分泌了大量的有机酸类物质，根际环境产生了明显的酸化，活化了重金属并促进其吸收进入烟叶，而加入的外源螯合剂虽然对 pH 略有影响，但是与根系分泌的有机酸相比其作用十分有限。

四、烟草用于修复重金属污染土壤的潜力

以往的研究表明，烟草是 Cd 的富集作物，相比其他作物，烟叶中的 Cd 含量较高。一般来说，烟草吸收 Cd 后，会将其大量累积在根部和叶片中，最高可达到 70mg/kg（Bache et al. 1986），富集系数通常为 5～20（Gutenmann，et al. 1982，黄莺 2006，王树会等，2008）。目前烟草对 Cd 的富集机制尚不清楚，但已有研究表明，根际可能是控制烟草中 Cd 富集的重要过程。Mench 等（1991）通过研究烟草根系分泌物对土壤 Cd 形态的影响，在无菌水培条件下，从普通烟草、黄花烟草和玉米中提取 3 种植物的根系分泌物，然后利用分泌物对土壤中的重金属元素进行提取试验，发现烟草尤其是普通烟草的根系分泌物能显著增加土壤中 Cd 的溶解性，使水溶态 Cd 的含量上升，最终提高 Cd 的生物有效性。因此，根系分泌物对土壤中 Cd 的高效提取应该与 Cd 富集量密切相关。另外，土壤 pH 是影响烟叶 Cd 累积量的重要因素，研究表明烟叶 Cd 含量与土壤 pH 呈显著负相关，低 pH 土壤能够增加烟叶中 Cd 的含量，而提高土壤 pH 则能降低烟叶对 Cd 的吸收量（Adamu，et al. 1989，Malissionvas and Katsalirou 2001）。本研究中所有处理的烟草根际土的 pH 都

明显下降了，很可能是由于根际分泌物中含有大量的有机酸类物质，对土壤中的 Cd 产生活化作用，其具体机制有待于后续试验研究。

由以上实验结果和分析可知，本试验中烟叶对 Cd 具有很强的富集能力，叶中 Cd 含量达到了 20～50mg/kg，BCF 达到了 12～30，与以往研究所用的烟草相比，研究 B 区的烟叶对 Cd 的累积量处于较高水平，具有应用于植物修复 Cd 污染土壤的潜力，且其自身的吸收能力就很强，不需用添加外源化学活化剂，这既降低了修复成本，也避免了对环境可能产生的不良影响。

五、结论

（1）在烟草修复土壤重金属 Cd 污染的过程中，添加不同摩尔浓度的外源螯合剂对 Cd 的吸收起到了一定的促进作用。5mmol/kg 柠檬酸对烟叶吸收土壤中 Cd 效果最好，并且对两种污染程度不同的土壤吸收效果相当。

（2）种植烟草后的根系土有较明显的酸化情况，但外源螯合剂对其酸化作用不显著。

（3）烟草对 Cd 具有很强的富集能力，烟叶中 Cd 含量达到了 20～50mg/kg，富集系数达到了 12～30；烟草对 Cd 的累积量处于较高水平，可以考虑用于植物修复 Cd 污染土壤，并且在不添加外源化学螯合剂的情况下，烟草自身也能达到较好的吸收效果，这既降低了修复成本，也避免了对环境可能产生的不良影响。

第四章　化学淋洗修复

在众多土壤修复技术方法中，化学淋洗是一种有效并切实可行的重金属污染土壤修复技术，其基本原理是利用化学淋洗液与土壤中的重金属物质发生反应，使吸附或固定在土壤颗粒上的重金属溶解，从而将重金属从土壤中置换出来。在国外，由于反应的快速性和对多种重金属的适应性，土壤淋洗技术无论在实验室研究还是实际治理中都得到了广泛的应用。1992 年，世界上第一个大规模的土壤淋洗项目在美国新泽西州完成，根据 2000 年美国环保局的报告，在美国 600 多个政府资助的场地修复示范工程中，4.2%的项目采用土壤淋洗技术。

目前常用的淋洗剂有无机酸溶液（盐酸和硝酸）、有机酸溶液（乙酸、草酸、柠檬酸和酒石酸）、螯合剂（EDTA、DPTA 和 NTA）和表面活性剂（冯静等，2015；Wuana et al.，2010；吴烈善等；2014；梁振飞等，2015），其中无机酸因酸度过大，会极大降低土壤 pH 和土壤肥力，只能用于非农业用地的土壤治理；EDTA 等人工螯合剂虽具有较强的螯合能力，但因其价格昂贵、不易降解等原因，难以进行大面积推广（Jia et al.，2009）；生物表面活性剂因产量低等原因，规模化使用较难（Hong et al.，2002）。而柠檬酸、酒石酸、乙酸等常见的有机酸，不仅对重金属具有较好的去除效果，而且对环境影响较小，容易被生物降解（Jia et al.，2009；易龙生等，2013；梁俊捷等，2016；Debela et al.，2010）。

成都平原的一些地区分布有磷化工厂，靠近工厂的农田，由于受到工厂排放的废气、废水的影响，土壤受到严重的 Cd 污染，造成农作物减产，甚至由于污染严重而无法耕种，形成荒地。本次研究，针对研究 B 区磷化工厂周围受到 Cd 元素严重污染的农田土壤，采用有机酸进行淋洗，在不同浓度、不同淋洗时间、不同固液比以及复合淋洗条件下，研究柠檬酸、酒石酸、草酸和乙酸溶液对土壤中重金属 Cd 的去除效果，探索一种淋洗高效、环境友好、价格合适的淋洗剂，以期为成都平原类似 Cd 污染土壤修复提供技术支持。

第一节 试验的技术方法

一、淋洗剂的选择

乙酸、柠檬酸、草酸、酒石酸等低分子有机酸被广泛应用于重金属污染土壤的修复之中，它们不仅对重金属具有较好的去除效果，而且对环境影响较小，容易被生物降解，适合于农田土壤的修复。本次修复的 Cd 污染土壤为磷化工厂周围的农田土壤，为减少淋洗剂对土壤结构及理化性质的影响，本次试验选用四种低分子有机酸（乙酸、柠檬酸、草酸、酒石酸）作为淋洗剂进行 Cd 污染土壤修复试验研究。

二、试验思路及流程

本试验以研究 B 区磷化工企业 Cd 污染土壤为研究对象，采用振荡洗土的实验方法，摸索常用低分子有机酸（乙酸、柠檬酸、草酸、酒石酸）对供试土壤中 Cd 的去除效果，并根据实验结果确定所采用的化学淋洗剂种类；采用单因素实验，探索对供试土壤进行振荡洗土时有机酸浓度、固液比、振荡时间等具体实验条件，并用扫描电镜对反应前后土样进行观察，分析形态结构有无变化；在单因素实验的基础之上，采用正交实验设计的方法，考察振荡时间、固液比及有机酸浓度共同作用对供试土壤 Cd 去除率的影响，并利用 SPSS 软件对正交实验结果进行方差分析，获得土壤 Cd 去除率的最佳实验条件。试验流程见图 4-1。

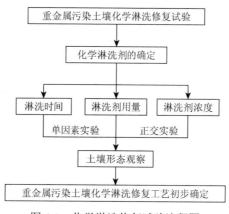

图 4-1 化学淋洗修复试验流程图

三、供试土壤

两个供试土壤均取自研究 B 区某磷化工厂附近的农田，受磷化工厂工业废水污染，农田已荒芜。样品编号及 Cd 含量分别是 SLT-1（22.78mg/kg）、SLT-2（3.84mg/kg），其 Cd 含量远高于土壤环境质量三级标准（GBl5618—1995），分别是三级标准的 10 倍、70 倍以上。土壤采样深度为 0～25cm，每个点采样 70kg。对采集来的土样进行晾晒，自然风干，除去植物根系及石块等杂物后研磨，过 20 目尼龙标准筛备用。

四、试验方法

分别称取 1.000g 土壤样品加入聚乙烯离心管（25ml）中，按照以下实验条件进行试验。在 25℃室温条件下，将离心管放在恒温振荡器中振荡，转速为每分钟 180 转，振荡结束后取出离心管，在高速离心机中以 8000r/min 离心 6min，取上层清液用 0.45μm 滤膜过滤至比色管中，送西南科技大学分析测试中心，采用电感耦合等离子体发射光谱仪（ICP-OES）进行 Cd 含量测试分析，取出部分下层土样进行扫描电镜分析土壤形态特征。

1. 淋洗剂的筛选

以乙酸、柠檬酸、草酸、酒石酸等四种低分子有机酸作为淋洗剂，淋洗剂筛选的试验条件：固液比 1∶20，振荡时间 24h，四种低分子有机酸（乙酸、柠檬酸、草酸、酒石酸）浓度均为 0.1mol/L。

2. 不同浓度有机酸对土壤中 Cd 淋洗试验

试验条件：固液比 1∶20，振荡时间 24h，柠檬酸和酒石酸浓度分别为 0.05mol/L、0.075mol/L、0.08mol/L、0.09mol/L、0.10mol/L、0.11mol/L、0.12mol/L、0.125mol/L、0.15mol/L。

3. 不同固液比的淋洗试验

固液比分别为 1∶5、1∶10、1∶15、1∶20 和 1∶25，柠檬酸浓度为 0.1mol/L，振荡时间 24h。

4. 不同振荡时间的淋洗试验

振荡时间分别为 1h、2h、4h、6h、8h、10h、12h、18h、24h、30h、36h，柠檬酸浓度为 0.1mol/L，固液比 1∶20。

5. 复合配方的淋洗试验

固液比 1∶20，柠檬酸和酒石酸浓度均为 0.1mol/L，振荡时间为 8h，柠檬酸与酒石酸的复合配方比例分别为 4∶1、3∶1、2∶1、1∶1、1∶2、1∶3、1∶4。

试验所采用的柠檬酸、酒石酸、草酸和乙酸均为分析纯，由天津市科密欧化学试剂有限公司生产；试验用水为超纯水。

6. 正交试验

在单因素实验的基础之上，采用正交实验设计的方法，考察振荡时间、固液比及有机酸浓度共同作用对供试土壤 Cd 去除率的影响，并利用 SPSS 软件对正交实验结果进行分析，获得多种实验因素共同作用下土壤镉去除率的最佳实验条件。

第二节　试验分析结果

一、淋洗剂的筛选

以柠檬酸、酒石酸、乙酸和草酸对 SLT-1、SLT-2 土样进行振荡洗土实验，考察其对供试土壤中 Cd 的去除效果，从而确定 Cd 污染土壤化学淋洗剂的具体种类。

在固液比 1∶20，振荡时间 24h，低分子有机酸浓度 0.1mol/L 的实验条件下，四种有机酸对供试土壤 Cd 元素的去除效果见图 4-2。从图中可以看出，四种不同种类低分子有机酸对 Cd 污染土壤的淋洗效果各不相同，柠檬酸和酒石酸对两种土样的镉去除率均能达到 60%以上，而乙酸和草酸的去除率相对要低一些，特别是草酸，对 SLT-1 土样的去除率仅为 31%，明显低于柠檬酸和酒石酸。这是因为不同有机酸主要是通过与金属离子形成可溶性的络合物来增加其活性和移动性，而有机酸形成可溶性络合物的能力各有不同，因而对重金属淋洗的能力也就各有不同。可欣等（2004）研究认为用酒石酸淋洗修复重金属污染土壤是可行的；林珍珠（2009）研究了三种淋洗剂对土壤 Cu、Pb、Cd 和 Zn 去除效果及其优化条件，表明柠檬酸酸对 Cd 的去除效果最好；易龙生等（2013）研究柠檬酸、酒石酸和草酸 3 种有机酸不同条件下对 Cd、Cu、Zn、Pb 四种重金属污染土壤的淋洗效果时，发现淋洗效果为柠檬酸＞酒石酸＞草酸；朱光旭等（2013）采用蒸馏水、草酸、柠檬酸、乙酸、硝酸、EDTA 淋洗 Cd、Pb 时也发现草酸和乙酸效果较差。

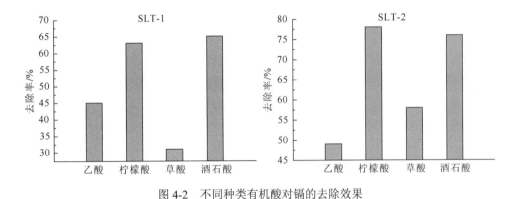

图 4-2　不同种类有机酸对镉的去除效果

根据以上实验结果，在后续实验中仅采用柠檬酸和酒石酸作为洗土实验的淋洗剂。

二、有机酸浓度对土壤中 Cd 淋洗效果的影响

在固液比 1∶20、振荡时间 24h 的实验条件下，不同酒石酸和柠檬酸浓度对土壤 Cd 淋洗的效果见图 4-3、图 4-4。

当酒石酸和柠檬酸浓度为 0.05～0.15mol/L 范围内变化时，土壤中 Cd 的去除效率随着淋洗剂浓度的增加而呈现较为明显的上升趋势。对 SLT-1 土壤，随着柠檬酸浓度的增加 Cd 的去除效率上升趋势明显，在浓度为 0.1mol/L 之后其上升趋势变缓，最后在浓度为 0.11mol/L 时达到最大去除率 73%；酒石酸浓度低于 0.09mol/L 时，其对土壤中重金属 Cd 的去除率随浓度的增加无明显变化，浓度为 0.1mol/L 时，去除率达到最大值，为 62%，当浓度大于 0.1mol/L 时，去除率均呈小于 62%的波动变化。对 SLT-2 土壤，Cd 的去除效率随着柠檬酸浓度的增加呈现锯齿状上升的变化，在浓度为 0.125mol/L 时，其对土壤 Cd 的去除率达到最大值，为 51%，在浓度为 0.1mol/L 时 Cd 的去除率也较高，为 49%；随着酒石酸浓度的

增加，其对土壤 Cd 的去除率整体上呈现上升趋势，但酒石酸浓度大于 0.1mol/L 时，Cd 的去除率上升趋势变缓，土壤 Cd 的去除率最大值为 49%。

两种土壤的试验研究均发现当淋洗酸浓度达到较高时，土壤 Cd 的去除率上升趋势变缓；但是两种土样随浓度变化的具体走势有所区别，这可能和土样中含有的具体成分不同有一定的关系。增加淋洗剂用量的时候，有时会被土壤中含有的镁离子（Mg^{2+}）、铜离子（Cu^{2+}）和矿物成分等消耗一部分，即使提高淋洗剂的浓度，也可能会出现重金属的去除率降低的情况（孙涛等，2015）。另外酒石酸对 Cd 的去除率要低于柠檬酸，这在 SLT-1、SLT-2 土样的变化曲线上都有所体现。胡浩等（2008）研究发现用柠檬酸、酒石酸和草酸 3 种低分子有机酸溶液对 Cu、Pb、Cd 和 Zn 重金属污染土壤都具有一定的淋洗作用，在相同天然低分子有机酸浓度的淋溶条件下，淋溶 Pb 和 Cd 时 3 种有机酸能力的大小顺序为柠檬酸＞酒石酸＞草酸。

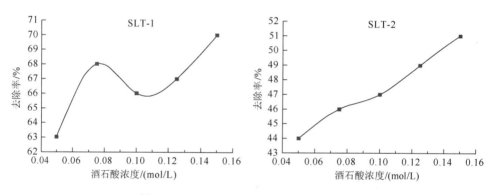

图 4-3　酒石酸浓度对 Cd 的淋洗效果影响

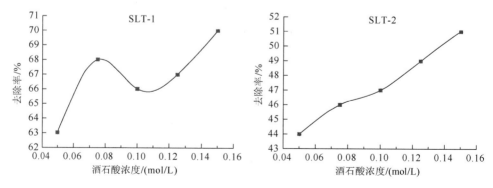

图 4-4　柠檬酸浓度镉的淋洗效果影响

　　通过对柠檬酸和酒石酸不同浓度试验比较发现，当两种酸浓度高于 0.1mol/L 时，土样中 Cd 去除率达到较高值，并且上升的趋势减缓，增加数量有限，综合考虑经济因素，对淋洗剂浓度在 0.075～0.125mol/L 进行进一步细化研究，寻找最佳淋洗剂浓度。

　　在固液比 1∶20，振荡时间 24h 的实验条件下，对酒石酸和柠檬酸浓度条件进行细化实验研究，淋洗效果见（图 4-5、图 4-6）。从两图中可以发现，当酒石酸和柠檬酸反应浓度范围缩小，在 0.075～0.125mol/L 变化时，土壤中 Cd 的去除效率曲线具体走势不一样，高低变化也并不一致，但是在反应的浓度范围内还是基本遵循了浓度越高效率越高的规律，当有机酸浓度在 0.1mol/L 时土壤中 Cd 的去除效率已经达到较高的数值，并且随着浓度增加 Cd 去除率增加的趋势放缓。因此，可以考虑实际工程应用中有机酸的反应浓度在 0.1mol/L 左右变化。

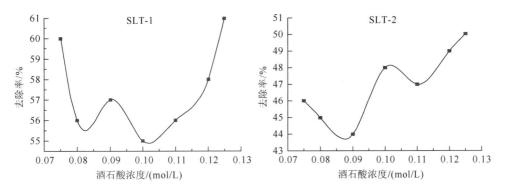

图 4-5　酒石酸浓度细化对 Cd 的淋洗效果影响

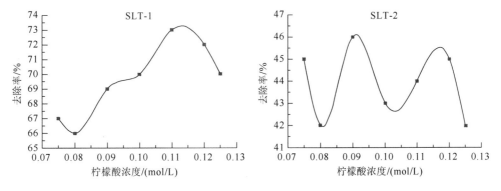

图 4-6　柠檬酸浓度细化对 Cd 的淋洗效果影响

三、固液比对土壤中 Cd 淋洗效果的影响

在固定振荡时间 24h、柠檬酸浓度 0.1mol/L 的条件下，分别采用固液比为 1：5、1：10、1：15、1：20 和 1：25 时淋洗效果见图 4-7。观察发现图形曲线呈现向上的趋势，Cd 去除率分别在 54%～67%、36%～52%变化，说明固液比的增加可以在一定程度上提高 Cd 的去除率。但是固液比的提高必然会大量增加化学淋洗剂的用量，从经济层面考虑不划算，因此在实际工程中应全面综合考虑，不能选用过高的固液比数值，可以采用 1：15～1：20 的比例范围，本研究采用 1：20 固液比。

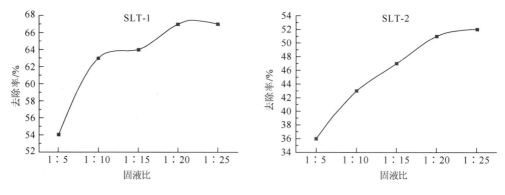

图 4-7　固液比对土样镉的淋洗效果影响

四、振荡时间对土壤中 Cd 淋洗效果的影响

淋洗剂与污染土壤之间的反应时间是影响淋洗效率的重要因素，在淋洗剂浓度和固液比等因素固定不变时，要实现高去除率需要足够长的反应时间。在柠檬酸浓度 0.1mol/L、固液比 1：20 的实验条件下，振荡时间在 12～36h 变化时，淋洗效果见图 4-8。从图 4-8 中可以看出，SLT-1、SLT-2 土样变化趋势不太一致，对 SLT-1 土样，当振荡时间为 12h 时 Cd 去除率达到最大值 67%，随后逐渐下降，在 30h 变为 65%，在 36h 又上升为 66%，但具体数值变化不大，仅有 2%的差

异；对 SLT-2 土样，当振荡时间为 12h 时 Cd 去除率为最小值，随后逐渐振荡上行，在 36h 达到反应的最大值 52%。由于振荡时间为 12h 已经达到较高的去除率，考虑对时间进一步细化，缩短振荡反应时间，考察在较短时间内的反应过程，同时也可以节约反应成本。

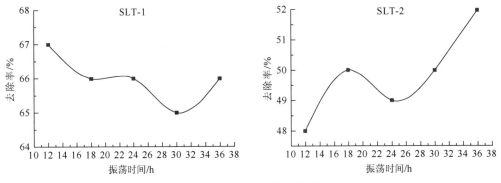

图 4-8　振荡时间对镉的淋洗效果影响

当柠檬酸浓度和固液比不变，振荡时间缩短至 1～10h 时，淋洗效果见图 4-9。

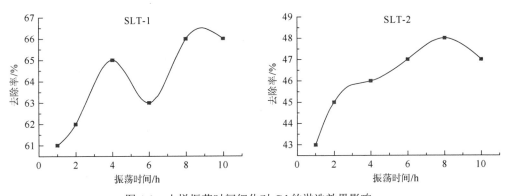

图 4-9　土样振荡时间细化对 Cd 的淋洗效果影响

在研究的反应时间范围之内，随着时间的增加，土壤中的 Cd 去除率呈现上升趋势：SLT-1 土样在振荡时间 1h 时为 61%，随后振荡上行，到 8h 和 10h 时达到最高值 66%；SLT-2 土样在振荡时间 1h 时为 43%，缓慢上升，在 8h 时达到 48%，10h 时小幅下降。但是可以发现二者都是在 8h 左右达到反应的最高值。易龙生等（2013）在研究 3 种有机酸在不同条件下对重金属污染土壤淋洗效果的优化条件时发现，当柠檬酸和酒石酸浓度为 0.6mol/L，淋洗时间为 8h 为最佳条件；

胡浩等（2008）利用 STC（4）A、EDTA、柠檬酸、草酸等对 Cd 进行淋洗，当 STC（4）A 浓度为 1.25mmol/L、pH = 7.0、与 Cd 摩尔比 2.5∶1、淋洗时间 8h 时为最佳淋洗条件。因此，两种土样的理想振荡时间均可选择为 8h。

五、淋洗剂复合配方对土壤中 Cd 淋洗效果的影响

由于柠檬酸和酒石酸在化学淋洗过程中对土壤中的镉都具有明显的去除效果，因此考虑将二者进行复合配方，按照一定的比例配比之后进行振荡洗土，考察其效果是否会有所提高，结果见图 4-10。

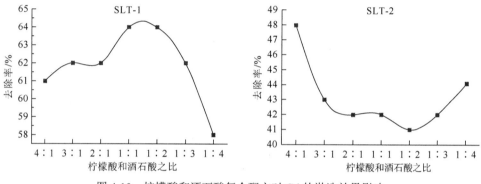

图 4-10　柠檬酸和酒石酸复合配方对 Cd 的淋洗效果影响

当柠檬酸、酒石酸的复合配方比例按照 4∶1、3∶1、2∶1、1∶1、1∶2、1∶3、1∶4 发生变化时，SLT-1、SLT-2 土样的变化趋势并不一致，SLT-1 土样呈现由低到高的变化趋势且缓慢上升，在柠檬酸和酒石酸之比为 1∶1 和 1∶2 时达到 Cd 去除率的最大值 64%，随后一直呈现下降变化；SLT-2 土样在柠檬酸和酒石酸之比为 4∶1 时 Cd 去除率达最高值 48%，随后一直下降，在柠檬酸和酒石酸之比为 1∶2 时降到最低值 41%，随后在 1∶4 时缓慢上升至 44%。但总的来说两个土样的 Cd 去除率与单独使用柠檬酸或酒石酸时相比并没有显著提高，因此采用柠檬酸和酒石酸复合配方对提高土壤 Cd 淋洗效果作用不大。

六、淋洗正交试验

正交试验设计（orthogonal design）是用来科学设计多因素试验的一种方法，

其原理是利用一套规格化的正交表安排试验，用数理统计方法对得到的试验结果进行处理，从而得出科学结论。其主要优点是能在多试验条件中选出代表性强的少数试验方案，通过对这些少数试验方案结果的分析，从中找出最优方案或最佳生产工艺条件，并得到比试验结果本身给出的还要多的相关因素信息。

1. 正交实验设计

根据前期单因素实验研究结果，将振荡时间、固液比、有机酸浓度作为 3 个实验因素，每个因素选取 3 个水平，采用 L^9（4^3）正交表进行正交实验。正交实验因素设计见表 4-1、表 4-2。

表 4-1　正交实验因素设计

因素水平	A	B	C
	固液比	振荡时间/h	有机酸浓度/（mol/L）
1	1：15	8	0.09
2	1：17.5	10	0.10
3	1：20	12	0.11

表 4-2　正交实验表（空白表）

实验号	固液比	振荡时间/h	有机酸浓度/（mol/L）	试验结果
1	1	1	1	—
2	1	2	2	—
3	1	3	3	—
4	2	1	2	—
5	2	2	3	—
6	2	3	1	—
7	3	1	3	—
8	3	2	1	—
9	3	3	2	—

2. 正交实验结果及方差分析

1）SLT-1 土样柠檬酸淋洗正交实验结果及方差分析

根据正交实验设计，用柠檬酸对 SLT-1 土样进行淋洗正交实验，结果见表 4-3。

表 4-3　SLT-1 土样柠檬酸淋洗正交实验结果

实验号	固液比	振荡时间/h	柠檬酸浓度/（mol/L）	Cd 去除效率/%
1	1：15	8	0.09	59
2	1：15	10	0.10	58
3	1：15	12	0.11	63
4	1：17.5	8	0.10	61
5	1：17.5	10	0.11	65
6	1：17.5	12	0.09	64
7	1：20	8	0.11	61
8	1：20	10	0.09	61
9	1：20	12	0.10	65

利用 SPSS 软件对正交实验结果进行分析，结果见表 4-4、表 4-5。

从表 4-4 中可以看出，固液比对土壤中 Cd 去除率的影响显著（Sig＜0.05），振荡时间和柠檬酸浓度对去除土壤中 Cd 的影响都不显著（Sig＞0.05），通过 F 值可以看出三个因素对去除土壤中 Cd 的影响大小依次为：固液比＞柠檬酸浓度＞振荡时间。

表 4-4　柠檬酸淋洗 SLT-1——主体间效应的检验

数据	固液比	振荡时间	柠檬酸浓度
Sig 值	0.041	0.226	0.084
F 值	23.490	3.421	10.932

从表 4-5 中可以看出：当固液比为 1：15 时去除率均值最大（63.32%），固液比为 1：20 时与其他两种固液比（1：15、1：17.5）之间存在显著性差异，而 1：15 与 1：17.5 之间差异不显著；振荡时间为 10h 时，均值最大（52.59%），且三个

水平之间差异均不显著；柠檬酸浓度为 0.11mol/L 时均值最大（63.26%），而 0.09mol/L 与 0.11mol/L 之间存在显著性差异，柠檬酸浓度 0.1mol/L 与其他两种浓度（0.09mol/L、0.11mol/L）之间不存在显著性差异。根据以上分析得出用柠檬酸淋洗去除 SLT-1 土样中 Cd 的最佳实验条件为：固液比 1∶15、振荡时间 10h、柠檬酸浓度 0.11mol/L。

表 4-5　柠檬酸淋洗 SLT-1——不同实验条件对去除 Cd 效果的多重比较

条件	去除率/%	条件	去除率/%	条件	去除率/%
1∶15	63.32a	8h	61.82a	0.09mol/L	60.17a
1∶17.5	62.79a	10h	62.59a	0.10mol/L	61.84ab
1∶20	59.15b	12h	60.86a	0.11mol/L	62.26b

2）SLT-1 土样酒石酸淋洗正交实验结果及方差分析

根据正交实验设计，用酒石酸对 SLT-1 土样进行淋洗正交实验，结果见表 4-6。

表 4-6　SLT-1 土样酒石酸淋洗正交实验结果

实验号	固液比	振荡时间/h	酒石酸浓度/（mol/L）	Cd 去除效率/%
1	1∶15	8	0.10	58
2	1∶15	10	0.11	60
3	1∶15	12	0.12	64
4	1∶17.5	8	0.11	63
5	1∶17.5	10	0.12	63
6	1∶17.5	12	0.10	65
7	1∶20	8	0.12	62
8	1∶20	10	0.10	62
9	1∶20	12	0.11	60

利用 SPSS 软件对正交实验结果进行分析，结果见表 4-7、表 4-8。

从表 4-7 中可以看出，固液比、振荡时间和酒石酸浓度这三个因素对去除土壤中 Cd 的影响都不显著（Sig＞0.05），通过 F 值发现三个因素对去除土壤中 Cd 的影响大小依次为：固液比＞酒石酸浓度＞振荡时间。

表 4-7　酒石酸淋洗 SLT-1——主体间效应的检验

数据	固液比	振荡时间	酒石酸浓度
Sig 值	0.105	0.180	0.153
F 值	8.560	4.562	5.553

从表 4-8 中可以看出，当固液比为 1∶17.5 时去除率均值最大（63.33%）；两两比较时，三种固液比之间差异不显著，振荡时间为 8h 时，均值最大（62.93%），且三个水平之间差异不显著；酒石酸浓度为 0.12mol/L 时均值最大（63.47%），且三个水平之间差异均不显著。根据以上分析得出用酒石酸淋洗去除 SLT-1 土样中 Cd 的最佳实验条件为：固液比 1∶17.5、振荡时间 8h、酒石酸浓度 0.12mol/L。

表 4-8　酒石酸淋洗 SLT-1——不同实验条件对去除 Cd 效果的多重比较

条件	去除率/%	条件	去除率/%	条件	去除率/%
1∶15	62.40a	8h	62.93a	0.10mol/L	60.99a
1∶17.5	63.33a	10h	60.62a	0.11mol/L	61.42a
1∶20	60.14a	12h	62.32a	0.12mol/L	63.47a

3）SLT-2 土样柠檬酸淋洗正交实验结果及分析

根据正交实验设计，用柠檬酸对 SLT-2 土样进行淋洗正交实验，结果见表 4-9。

表 4-9　SLT-2 土样柠檬酸淋洗正交实验结果

实验号	固液比	振荡时间/h	柠檬酸浓度/（mol/L）	Cd 去除效率/%
1	1∶15	8	0.09	59
2	1∶15	10	0.10	58
3	1∶15	12	0.11	63
4	1∶17.5	8	0.10	61
5	1∶17.5	10	0.11	65
6	1∶17.5	12	0.09	64
7	1∶20	8	0.11	61
8	1∶20	10	0.09	61
9	1∶20	12	0.10	65

利用 SPSS 软件对正交实验结果进行分析，结果如表 4-10、表 4-11 所示。

从表 4-10 中可以看出，固液比、振荡时间和柠檬酸浓度这三个因素对去除土壤中 Cd 的影响都不显著（Sig＞0.05），通过 F 值可以看出三个因素对去除土壤中 Cd 的影响大小依次为：振荡时间＞固液比＞柠檬酸。

表 4-10　柠檬酸淋洗 SLT-2——主体间效应的检验

数据	固液比	振荡时间	柠檬酸浓度
Sig 值	0.382	0.213	0.494
F 值	1.614	3.685	1.025

从表 4-11 中看出，当固液比为 1∶15 时去除率均值最大（46.68%），两两比较时，三种固液比之间差异均不显著；当振荡时间为 10h 时均值最大（47.98%），两两比较时，三种振荡时间之间差异均不显著；当柠檬酸浓度为 0.1mol/L 时均值最大（46.27%），两两比较时，三种酸浓度之间差异均不显著。根据以上分析得出柠檬酸淋洗去除 SLT-2 土样中 Cd 的最佳实验条件为：固液比 1∶15、振荡时间 10h、柠檬酸浓度 0.1mol/L。

表 4-11　柠檬酸淋洗 SLT-2——不同实验条件对去除 Cd 效果的多重比较

条件	去除率/%	条件	去除率/%	条件	去除率/%
1∶15	46.68a	8h	45.01a	0.09mol/L	44.27a
1∶17.5	46.11a	10h	47.98a	0.10mol/L	46.27a
1∶20	43.97a	12h	43.77a	0.11mol/L	46.22a

4）SLT-2 土样酒石酸淋洗正交实验结果及分析

根据正交实验设计，用酒石酸对 SLT-2 土样进行淋洗正交实验，结果见表 4-12。

表 4-12　SLT-2 土样酒石酸淋洗正交实验结果

实验号	固液比	振荡时间/h	酒石酸浓度/（mol/L）	Cd 去除效率/%
1	1∶15	8	0.10	58
2	1∶15	10	0.11	60
3	1∶15	12	0.12	64

实验号	固液比	振荡时间/h	酒石酸浓度/（mol/L）	Cd 去除效率/%
4	1：17.5	8	0.11	63
5	1：17.5	10	0.12	63
6	1：17.5	12	0.10	65
7	1：20	8	0.12	62
8	1：20	10	0.10	62
9	1：20	12	0.11	60

利用 SPSS 软件对正交实验结果进行分析，结果见表 4-13、表 4-14。

从表 4-13 中可以看出，固液比、振荡时间和酒石酸浓度这三个因素对去除土壤中 Cd 的影响都不显著（Sig＞0.05），通过 F 值可以看出三个因素对去除土壤中 Cd 的影响大小依次为：固液比＞酒石酸浓度＞振荡时间。

从表 4-14 中看出，当固液比为 1：15 时去除率均值最大（43.99%），两两比较时，三种固液比之间差异均不显著；当振荡时间为 8h 时均值最大（44.40%），两两比较时，三种振荡时间之间差异均不显著；当酒石酸浓度为 0.12mol/L 时均值最大（44.57%）；两两比较时，三种酸浓度之间差异均不显著。根据以上分析得出用酒石酸淋洗去除 SLT-2 土样中 Cd 的最佳实验条件为：固液比 1：15、振荡时间 8h、酒石酸浓度 0.12mol/L。

表 4-13　酒石酸淋洗 SLT-2——主体间效应的检验

数据	固液比	振荡时间	酒石酸浓度
Sig 值	0.709	0.760	0.718
F 值	0.411	0.317	0.392

表 4-14　酒石酸淋洗 SLT-2——不同实验条件对去除镉效果的多重比较

条件	去除率/%	条件	去除率/%	条件	去除率/%
1：15	43.99a	8h	44.40a	0.10mol/L	42.55a
1：17.5	43.97a	10h	43.12a	0.11mol/L	42.88a
1：20	42.06a	12h	42.49a	0.12mol/L	44.57a

七、化学淋洗前后土壤内部结构比较

　　土壤的化学淋洗修复是将化学淋洗剂加入土壤之中，通过反复振荡使化学淋洗剂与土壤中的重金属物质发生反应，将吸附或固定在土壤颗粒上的重金属溶解，从而将重金属从土壤中置换出来的过程。在反应过程中，这种反复振荡淋洗过程以及化学淋洗剂的加入是否会对土壤的内部结构造成破坏，从而导致土壤无法继续作为农用土壤使用？

　　对淋洗前后的土壤进行电镜扫描，在放大相同倍数的情况下，对原土和振荡洗土后样品扫描照片（图4-11）进行比较，可以观察到土壤的层状和团粒结构基本保持不变，所以实验没有对其基本结构造成破坏，这说明在添加低分子有机酸、进行长时间化学淋洗修复工作之后，土壤结构不变，土壤仍然能够应用于农田，这对化学淋洗修复土壤的再利用具有积极的意义。

图 4-11　淋洗前后土壤 SEM 照片

八、结论

　　对成都平原区磷化工厂 Cd 污染农田土壤，采用柠檬酸、酒石酸等低分子有机酸作为化学淋洗剂，以振荡洗土的方法进行修复治理，能够有效地去除局部高污染土壤中的重金属元素，从工程应用上来说是完全可行的，具有一定的实际价值。

（1）在采用的四种低分子有机酸中，柠檬酸和酒石酸对供试土壤处理效果较好，Cd 去除率均能够达到 60%以上，而草酸和乙酸淋洗效果相对偏低，其中草酸的 Cd 去除率最低。

（2）有机酸浓度、固液比和振荡时间对土样 Cd 去除率有较大影响，通过一系列单因素实验研究以上三种因素的具体实验条件发现，有机酸浓度在 0.1mol/L、固液比 1：20、振荡时间在 8h 左右对实验结果影响较大。

（3）采用柠檬酸和酒石酸复合配方，按照 4：1、3：1、2：1、1：1、1：2、1：3、1：4 的比例配比之后进行振荡洗土，对两个供试土样的 Cd 去除效果并不一致，Cd 去除率和单独使用柠檬酸或酒石酸时并没有显著提高。

（4）在单因素实验的基础之上，采用正交实验设计的方法，考察振荡时间、固液比及有机酸浓度共同作用对供试土壤 Cd 去除率的影响，获得了最佳的去除实验条件。对 SLT-1 土样，在柠檬酸洗土时三个因素对去除土壤中 Cd 的影响大小依次为：固液比＞柠檬酸浓度＞振荡时间，最佳实验条件为：固液比 1：15、振荡时间 10h，柠檬酸浓度 0.11mol/L。酒石酸洗土时三个因素对去除土壤中 Cd 的影响大小依次为：固液比＞酒石酸浓度＞振荡时间，最佳实验条件为：固液比 1：17.5、振荡时间 8h、酒石酸浓度 0.12mol/L。对 SLT-2 土样，在柠檬酸洗土时三个因素对去除土壤中 Cd 的影响大小依次为：振荡时间＞固液比＞柠檬酸浓度，最佳实验条件为：固液比 1：15、振荡时间 10h、柠檬酸浓度 0.1mol/L；酒石酸洗土时三个因素对去除土壤中 Cd 的影响大小依次为：固液比＞酒石酸浓度＞振荡时间，最佳实验条件为：固液比 1：15、振荡时间 8h、酒石酸浓度 0.12mol/L。

（5）采用低分子有机酸对重金属污染土壤进行化学淋洗后，土壤的层状和团粒结构基本保持不变，洗土并不会对其基本结构造成破坏，土壤修复处理后仍然能够应用于农田。

第五章　结　语

成都平原是四川省社会经济最发达的地区，也是重要的农业区。由于社会经济活动和农业生产，局部地区重金属污染严重、生态效应显著，严重威胁了大宗农作物的食品安全和人们的身体健康。根据成都平原土壤重金属污染情况，开展重金属污染土壤修复试验，针对大面积重金属污染农田，探索出一套环境友好、经济高效的土壤修复技术与方法，对于确保大宗农作物的食品安全具有重要的科学和现实意义。本次成都平原重金属污染土壤试验研究，选择典型农田土壤 Cd 污染区，在重金属污染土壤-植物（农作物）监测的基础上，根据引起大宗农作物（水稻）吸收 Cd 的地球化学控制因素，开展以研发无机-有机复合钝化剂为核心的原位钝化修复试验，同时也进行植物修复、化学淋洗修复的探索。成都平原区典型重金属污染土壤修复实践的成果表明，对于大面积污染程度较低的农田土壤，采用黏土矿物、生物质炭为主要成分的无机-有机复合钝化剂的原位钝化修复技术，不仅能够显著降低大宗农作物水稻稻米中的 Cd 含量，而且对于其产量有一定程度的提高，对土壤质地有一定程度的改善，同时也为农作物秸秆的综合利用提供了切实有效的途径。本书主要取得了以下认识：

（1）对于大面积重金属污染程度较低的农田土壤，原位钝化修复是切实可行的修复方法。原位钝化技术可以实现边生产边治理，非常符合我国人多地少、污染土壤分布较为广泛的实际情况。本次采用无机-有机复合钝化剂进行农田重金属污染土壤原位钝化修复的实践表明，钝化剂能够提高土壤 pH，显著地降低土壤中 Cd 的有效态含量以及稻米中 Cd 的含量，在污染程度相对较低的土壤中，稻米中的 Cd 含量可达到国家食品安全标准，在污染程度相对较高的土壤中，稻米中的 Cd 含量虽然没有达到国家食品安全标准，但其含量显著降低，可减轻 Cd 对居民健康的危害，而且水稻产量保持不变或略有提高，做到了边生产、边治理。

（2）研制环境友好、经济高效的钝化剂配方是原位钝化修复的难点。钝化剂材料的选取上，应遵循有效性原则（良好的钝化效果），环境友好原则（废物综合利用且不造成二次污染），经济性原则（容易获得、价格低）。所采用的钝化剂材料，既能够对土壤重金属元素产生良好的钝化效果，又能够做到废物综合利用，而且这些物质应容易获得，在有效性、安全性以及经济性等方面具有优势，真正做到经济高效、环境友好、易于推广。本次试验采用的生物质炭是由小麦、水稻及油菜等农作物秸秆生产而成，用生物质炭作为主要的钝化材料，不仅对重金属修复效果显著，而且对秸秆的综合利用、环境保护以及推动秸秆热裂解炭化产业化具有十分重要的现实意义。膨润土属于黏土矿物，具有较大的表面积，对 Cd、Pb 等重金属离子具有较大的吸附作用，本次试验的膨润土产自成都平原附近的三台县，资源储量大，品质较好，价格较低。

（3）查明引起农作物重金属超标的地球化学控制因素是土壤重金属污染修复的前提。农田重金属污染土壤修复的一个根本目标是，显著降低大宗农作物中重金属元素的含量，使其达到国家食品安全标准。农作物从土壤中吸收重金属元素受多种地球化学因素控制，可能出现土壤中 Cd 超标而稻米中 Cd 不一定超标、稻米 Cd 超标而土壤 Cd 不一定超标的现象。因此，在重金属污染土壤修复前，应首先进行修复区的土壤生态地球化学监测工作，采集土壤-植物样品，分析引起农作物重金属超标的地球化学控制因素，为土壤修复提供依据。本次试验区的土壤-植物监测表明，在对 Cd 污染区进行土壤修复时，提高土壤 pH 是一个关键途径，而增加土壤中有机质的含量，也将更好地降低稻米中 Cd 元素的含量水平。本次试验钝化修复技术原理就是针对造成农作物 Cd 超标的主要地球化学控制因素，从提高土壤 pH、增加土壤中有机质的含量，以降低土壤中 Cd 元素的有效态含量，吸附 Cd^{2+} 离子等方面进行的。

（4）无机-有机复合钝化剂配方在修复重金属污染土壤方面具有明显的优势。多种钝化剂配合使用的优点不仅在于提高修复效果，而且不同性质的钝化剂取长补短，还能够降低钝化剂单独使用时对土壤产生的不良影响。有机质能够缓冲无机钝化剂所带来的土壤性质过度变化、改善土壤结构；无机钝化剂则可以与有机质相结合，减缓有机物的分解速度，使钝化效果更加持久。本次试验研究中，选取的钝化剂成分包括石灰、膨润土、钙镁磷肥和生物质炭，对于酸性土壤既能够提高土壤的 pH，又能够有效地吸附重金属离子，这些物质都对重金属具有良好的固定作用。在这 4 种物质中，石灰、钙镁磷肥和膨润土的用量都比较小，作为有机组分的生物质炭本身具有很高的稳定性,在土壤中分解矿化的速度缓慢,可避免产生大量酸性物质而使重金属的有效性增加。从钝化试验结果来看,效果良好且稳定的纯化剂配方均由石灰、膨润土和生物质炭组成,这说明一定配比的以上物质很可能产生协同作用以控制土壤中 Cd 的活性,其具体的作用机制有待于进一步研究。

(5)钝化效果的持续性是钝化修复技术应用的关键。钝化剂施入土壤后会通过吸附、沉淀、络合等作用固定重金属,但是随着时间的延长和外界条件的改变,这种固定作用可能产生逆向反应而重新释放重金属,因此钝化剂对重金属固化的持久性是衡量其效果稳定性的重要指标。本研究通过大田试验验证的配方中含有石灰、钙镁磷肥、膨润土和生物质炭,都为碱性,可以提高土壤的 pH 以降低 Cd 的有效性,但是总的来说加入量较小,而土壤本身具有很强的缓冲性,一次添加钝化剂后土壤 pH 很可能随着时间的延长逐渐趋于酸化。虽然生物质炭本身性质非常稳定,一定程度上可以保持钝化剂的作用,但是凭现有的研究数据,无法预测钝化剂效果随时间延长的衰减程度,需要在多种土壤上进行多年的定位试验来确定。如果实验证明了钝化剂在一次施用后效果可以稳定地维持数年,那么只要每隔几年施用一次钝化剂即可;相反,如果实验证明钝化剂的效果从使用后的第二年开始就明显衰减,那么应该通过进一步的研究确定钝化剂连续几年使用量,形成完整的施用方法,以保证修复效果,同时控制成本。

(6)钝化剂的经济性是影响原位钝化修复技术应用的重要因素。土壤修复本身是耗费巨大的工程,因此成本控制是必须要考虑的问题,尤其是在环保投入有限的我国对大面积的污染农田土壤进行修复。本研究所采用的钝化剂中含有的成分均可以在省内获得,节约了大量的运输成本。配方中唯一价格较高且用量较大的成分为生物质炭,不过从性质上推测,它可以延长配方的持续性,一次使用后可减少后续的修复成本,且生物质炭是由农业固体废弃物——作物秸秆加工而成,能够在修复土壤的同时减轻秸秆焚烧和堆积带来的环境污染问题。所以钝化修复的成本不能只是计算钝化剂的使用成本,应该从粮食品质、居民健康、农村环境改善等多方面加以综合衡量。

(7)斩断污染源是取得重金属污染修复显著效果的重要条件。从本次试验的两个研究区土壤重金属污染来源来看,代表地质背景的深层土壤样品中 Cd 元素的含量都相对较低，基本上属于土壤环境的自然背景，而来自磷化工厂的大气降尘是造成研究区土壤 Cd 污染的重要因素。在研究 B 区的旁边有一大型磷化工厂，大气降尘中 Cd 含量极高，其含量为 34.81～412.2mg/kg，而且距磷化工厂越近，降尘中 Cd 含量越高，大气降尘的年输入通量达 55.14g/（ha·a），相对贡献率达96.4%，占绝对的主导地位；表层土壤中的 Cd 含量也是以磷化工厂为中心逐渐降低的。这些现象表明，磷化工厂的大气降尘是造成土壤 Cd 污染的重要因素。因此，在进行土壤重金属污染修复时，必须依靠当地政府和环保部门，对磷化工厂进行环境治理，改进生产工艺，减少烟尘的排放，斩断大气降尘的污染来源，防止土壤 Cd 污染程度进一步加重，只有这样土壤重金属修复才会取得显著的效果，否则将是徒劳无功的。

（8）利用当地种植的高积累经济作物进行重金属污染土壤修复应当引起重视。植物修复虽然具有环境友好、适用范围广等有点，但可能并不适用于大面积低污染农田土壤的修复。这是因为即使有适合的高积累植物，但由于在修复过程中，不可能大面积改变用地类型以及种植结构，因此也就不可能大面积、长时间种植。在一些重金属土壤污染区可能存在对重金属具有较高富集能力的超积累农作物，这种农作物在当地种植面积大，而且这种农作物并不供人们食用，因此可以适当调整种植面积，进行植物修复。研究 B 区大面积种植了烟草，烟叶对于 Cd 有很高的吸收量和富集系数，Cd 含量达到了 20～50mg/kg，BCF 达到了 12～30，在烟草种植的过程中即可达到植物修复的目标。

土壤修复是一项复杂的系统工程，要从土壤污染状况、农业生产、成本控制和效益分析等多方面考虑修复方法及其效果。本试验通过实验室预试验、盆栽试验和大田试验，层层深入考察了钝化剂对水稻中 Cd 的控制效果，取得了一些有效的配方，但是上述各方面中存在的问题不可能仅凭一年的试验就完全解决，在后续研究中，可以选择典型的污染地点建立重金属污染农田修复示范区，通过多年的试验来完善修复方案，最终提出经济可行、环境友好的重金属污染土地修复方法技术，力争研究出可供规模生产的经济适用的产品。

参 考 文 献

陈亮, 李桃. 2004. 元素硒与人体健康[J]. 微量元素与健康研究, 21（3）: 58-59.

陈良华, 徐睿, 张健, 等. 2016. 螯合剂对香樟生理特征和镉积累效率的影响[J]. 云南大学学报
（自然科学版）, 38（1）: 150-161.

陈宏, 陈玉成, 杨学春. 2004. 石灰对土壤中 Hg Cd Pb 的植物可利用性的调控研究[J]. 农业环
境科学学报, 22（5）: 549-552.

陈涛, 吴燕玉, 张学询, 等. 1980. 张士灌区镉土改良和水稻镉污染防治研究[J]. 环境科学（5）:
9-13.

陈温福, 张伟明, 孟军, 等. 2011. 生物炭应用技术研究[J]. 中国工程科学, 13（2）: 83-89.

陈温福, 张伟明, 孟军. 2013. 农用生物炭研究进展与前景[J]. 中国农业科学, 46（16）: 3324-3333.

陈文强. 2006. 微量元素锌与人体健康[J]. 微量元素与健康研究, 23（4）: 62-65.

崔立强. 2011. 生物黑炭抑制稻麦对污染土壤中 Cd/Pb 吸收的试验研究[D]. 南京: 南京农业大学.

范中亮, 季辉, 杨菲, 等. 2010. 不同土壤类型下 Cd 和 Pb 在水稻籽粒中累积特征及其环境安
全临界值[J]. 生态环境学报, 19（4）: 792-797.

冯静, 张增强, 李念, 等. 2015. 铅锌厂重金属污染土壤的螯合剂淋洗修复及其应用[J]. 环境工
程学报, 9（11）: 5617-5625.

高文文, 刘景双, 王洋. 2010. 有机质对冻融黑土重金属 Zn 赋存形态的影响[J]. 中国生态农业
学报（1）: 147-151.

龚伟群. 2006. 杂交水稻对土壤 Cd 的吸收及其籽粒 Cd、Zn 的关系[D]. 南京: 南京农业大学.

龚伟群, 潘根兴. 2006. 中国水稻生产中 Cd 吸收及其健康风险的有关问题[J]. 科技导报, 24（5）:
43-47.

郭观林, 周启星, 李秀颖. 2005. 重金属污染土壤原位化学固定修复研究进展[J]. 应用生态学
报, 16（10）: 1990-1996.

郭智. 2009. 超富集植物龙葵（*Solanum nigrum* L.）对镉胁迫的生理响应机制研究[D]. 上海:
上海交通大学.

侯艳伟, 曾月芬, 安增莉. 2011. 生物炭施用对污染红壤中重金属化学形态的影响[J]. 内蒙古大
学学报（自然科学版）, 42（4）: 460-466.

胡浩, 潘杰, 曾清如, 等. 2008. 低分子有机酸淋溶对土壤中重金属 Ph, Cd, Cu 和 Zn 的影响
[J]. 农业环境科学学报, 27（4）: 1611-616.

胡坤, 喻华, 冯文强, 等. 2011. 中微量元素和有益元素对水稻生长和吸收镉的影响[J]. 生态学

报, 31 (8): 2341-2348.

黄莺. 2006. 烟草-土壤体系中重金属镉的迁移转化规律及其生物效应[D]. 贵阳: 贵州大学.

蒋先军, 骆水明, 赵其国. 2001. 镉污染土壤的植物修复及其 EDTA 调控研究: II. EDTA 对镉的
　　形态及其生物毒性的影响[J]. 土壤 (4): 202-204.

金立新, 侯青叶, 包雨函, 等. 2008. 德阳镉污染农田区生态安全性及居民健康风险评价[J]. 现
　　代地质, 22 (6): 984-989.

可欣, 李培军, 巩宗强, 等. 2004. 重金属污染土壤修复技术中有关淋洗剂的研究进展[J]. 生态
　　学杂志 (5): 145-149.

雷丽萍, 陈世宝, 夏振远, 等. 2011. 烟草对污染土壤中镉胁迫的响应机制及影响因素研究进
　　展[J]. 中国烟草科学, 32 (4): 87-93.

雷鸣, 廖柏寒, 秦普丰. 2007. 土壤重金属化学形态的生物可利用性评价[J]. 生态环境, 16 (5):
　　1551-1556.

李玉双, 孙丽娜, 孙铁珩, 等. 2007. 超富集植物叶用红恭菜 (*Beta vulgaris* var. cicla L.) 及其
　　对 Cd 的富集特征[J]. 农业环境科学学报, 26 (4): 1386-1389.

李瑞美, 王果, 方玲. 2002. 钙镁磷肥与有机物料配施对作物镉铅吸收的控制效果[J]. 土壤与环
　　境, 11 (4): 348-351.

李瑞美, 王果, 方玲. 2003. 石灰与有机物料配施对作物镉铅吸收的控制效果研究[J]. 农业环境
　　科学学报, 22 (3): 293-296.

李瑞美, 方玲, 王果, 等. 2004. 重金属污染土壤的有机-中性化修复技术试验[J]. 福建农业学
　　报, 19 (1): 50-53.

李媛媛, 刘文华, 陈福强, 等. 2013. 巯基化改性膨润土对重金属的吸附性能[J]. 环境工程学报,
　　7 (8): 3013-3018.

李正文, 张艳玲, 潘根兴, 等. 2003. 不同水稻品种籽粒 Cd、Cu 和 Se 的含量差异及其人类膳
　　食摄取风险[J]. 环境科学, 24 (3): 112-115.

梁俊捷, 张世熔, 廖成阳, 等. 2016. 酒石酸、柠檬酸和苹果酸对污染土壤中镉的去除效果[J]. 生
　　态与农村环境学报, 32 (1): 115-119.

梁振飞, 韦东普, 王卫, 等. 2015. 不同淋洗剂对不同性质污染土壤中镉的浸提效率比较[J]. 土
　　壤通报 (5): 1114-1120.

廖敏, 黄昌勇, 谢正苗. 1999. pH 对镉在土水系统中的迁移和形态的影响[J]. 环境科学学报, 9
　　(10): 81-86.

廖启林, 刘聪, 蔡玉曼, 等. 2013. 江苏典型地区水稻与小麦籽实中元素生物富集系数 (BCF)
　　初步研究[J]. 中国地质, 40 (1): 330-339.

廖启林, 刘聪, 王铁, 等. 2015. 水稻吸收 Cd 的地球化学控制因素研究——以苏锡常典型区为
　　例[J]. 中国地质, 42 (5): 1621-1632.

林鸾芳, 王昌全, 李冰, 等. 2014. 秸秆还田下改良剂对水稻生长和 Cd 吸收积累的影响[J]. 生

态环境学报（9）：1492-1497.

林珍珠. 2009. 三种淋洗剂对土壤 Cd，Pb，Zn，Cu 去除效果及其条件优化的研究[D]. 福州：福建农林大学.

刘丹青，陈雪，杨亚洲，等. 2013. pH 值和 Fe、Cd 处理对水稻根际及根表 Fe、Cd 吸附行为的影响[J]. 生态学报，33（14）：4306-4314.

刘红樱，谢志仁，陈德友，等. 2004. 成都地区土壤环境质量初步评价[J]. 环境科学学报，24（2）：297-302.

刘金，殷宪强，孙慧敏，等. 2015. EDDS 与 EDTA 强化苎麻修复镉铅污染土壤[J]. 农业环境科学学报，34（7）：1293-1300.

刘景，吕家珑，徐明岗，等. 2009. 长期不同施肥对红壤 Cu 和 Cd 含量及活化率的影响[J]. 生态环境学报（03）：914-919.

刘晶晶，杨兴，陆扣萍，等. 2015. 生物质炭对土壤重金属形态转化及其有效性的影响[J]. 环境科学学报，35（11）：3679-3687.

刘萍，翟崇治，余家燕，等. 2012. Cd、Pb 复合污染下柠檬酸对龙葵修复效率及抗氧化酶的影响[J]. 环境工程学报，6（4）：1387-1392.

骆永明. 2009. 土壤环境与生态安全[M]. 北京：科学出版社：1-288.

莫争，王春霞，陈琴，等. 2002. 重金属 Cu、Pb、Zn、Cr、Cd 在土壤中的形态分布和转化[J]. 农业环境保护，21（1）：9-12.

潘根兴，张阿凤，邹建文，等. 2010. 农业废弃物生物黑炭转化还田作为低碳农业途径的探讨[J]. 生态与农村环境学报，26（4）：394-400.

钱海燕，王兴祥，黄国勤，等. 2007. 钙镁磷肥和石灰对受 Cu Zn 污染的菜园土壤的改良作用[J]. 农业环境科学学报，26（1）：235-239.

曲晶晶，郑金伟，郑聚锋，等. 2012. 小麦秸秆生物质炭对水稻产量及晚稻氮素利用率的影响[J]. 生态与农村环境学报，28（3）：288-293.

沈振国，刘友良，陈怀满. 1998. 螯合剂对重金属超量积累植物 *Thlaspi caerulescens* 的锌、铜、锰和铁吸收的影响[J]. 植物生理学报，24（4）：340-346.

孙琴，倪吾钟，杨肖娥. 2001. 超积累植物体内的小分子螯合物质及其生理作用[J]. 广东微量元素科学，8（5）：1-8.

孙涛，陆扣萍，王海龙. 2015. 不同淋洗剂和淋洗条件下重金属污染土壤淋洗修复研究进展[J]. 浙江农林大学学报，32（1）：140-149.

谭长银，吴龙华，骆永明，等. 2009. 不同肥料长期施用下稻田镉、铅、铜、锌元素总量及有效态的变化[J]. 土壤学报，46（3）：412-418.

王浩，章明奎. 2009. 有机质积累和酸化对污染土壤重金属释放潜力的影响[J]. 土壤通报，（03）：538-541.

王开峰，彭娜，王凯荣，等. 2008. 长期施用有机肥对稻田土壤重金属含量及其有效性的影响[J].

水土保持学报, 22 (1)：105-108.

王坤, 宁国辉, 谢建治, 等. 2014. 土壤有机质和螯合剂对龙葵富集重金属 Cd 的影响[J]. 水土
　　保持学报, 28 (3)：259-270.

王庆海, 却晓娥. 2013. 治理环境污染的绿色植物修复技术[J]. 中国生态农业学报, 21 (2)：
　　261-266.

王树会, 黄成江. 2008. 烤烟对不同土壤类型中镉的吸收及其分配[J]. 内蒙古农业科技 (3)：
　　40-42.

王新, 吴燕玉, 梁仁禄, 等. 1994. 各种改性剂对重金属迁移、积累影响的研究[J]. 应用生态
　　学报, 5 (1)：89-94.

韦朝阳, 陈同斌. 2001. 重金属超富集植物及植物修复技术研究进展[J]. 生态学报, 21 (7)：
　　1196-1203.

魏树和, 周启星, 王新, 等. 2004. 一种新发现的镉超积累植物龙葵（Solanum nigrum L. ）[J]. 科
　　学通报, 49 (24)：2568-2573.

吴烈善, 吕宏虹, 苏翠翠, 等. 2014. 环境友好型淋洗剂对重金属污染土壤的修复效果[J]. 环境
　　工程学报, (10)：4486-4491.

吴燕玉, 陈涛, 张学询. 1989. 沈阳张士灌区镉污染生态的研究[J]. 生态学报, 9 (1)：21-26.

夏汉平. 1997. 土壤-植物系统中的镉研究进展[J]. 应用与环境生物学报 (03)：289-298.

肖志如, 赵献成, 姚雄. 2009. 川西平原稻米安全生产关键技术[J]. 粮食科技与经济, 6：46-47.

邢艳帅, 乔冬梅, 朱桂芬, 等. 2014. 土壤重金属污染及植物修复技术研究进展[J]. 中国农学通
　　报, 30 (17)：208-214.

杨传杰, 魏树和, 周启星, 等. 2009. 外源氨基酸对龙葵修复 Cd-PAHs 污染土壤的强化作用[J]. 生
　　态学杂志, 28 (9)：1829-1834.

杨亚鸽, 崔立强, 严金龙, 等. 2013. 镉污染土壤生物质炭修复的化学稳定机制[J]. 安徽农业科
　　学, 41 (5)：2044-2046.

杨忠芳, 陈岳龙, 钱薰, 等. 2005a. 土壤 pH 对镉存在形态影响的模拟实验研究[J]. 地学前
　　缘, 12 (1)：252-260.

杨忠芳, 奚小环, 成杭新, 等. 2005b. 区域生态地球化学评价核心与对策[J]. 第四纪研究,
　　25 (3)：275-284.

杨忠芳, 侯青叶, 余涛, 等. 2008. 农田生态系统区域生态地球化学评价的示范研究：以成都经
　　济区土壤 Cd 为例[J]. 地学前缘, 15 (5)：23-35.

叶新新, 孙波. 2012. 品种和土壤对水稻镉吸收的影响及镉生物有效性预测模型研究进展[J]. 土
　　壤, 44 (3)：360-365.

易龙生, 王文燕, 陶冶, 等. 2013. 有机酸对污染土壤重金属的淋洗效果研究[J]. 农业环境科学
　　学报, 32 (4)：701-707.

余涛, 杨忠芳, 钟坚, 等. 2008. 土壤中重金属元素 Pb、Cd 地球化学行为影响因素研究[J]. 地

学前缘, 15 (5): 67-73.

袁金华, 徐仁扣. 2011. 生物质炭的性质及其对土壤环境功能影响的研究进展[J]. 生态环境
学报, 20 (4): 779-785.

张红振, 骆永明, 章海波, 等. 2010. 水稻、小麦籽粒砷、镉、铅富集系数分布特征及规律[J]. 环
境科学, 31 (2): 488-495.

张江华, 王葵颖, 李皓, 等. 2014. 陕西潼关金矿区土壤 Pb 和 Cd 生物有效性的影响因素及其
意义[J]. 地质通报, 33 (8): 1188-1195.

张良运, 李恋卿, 潘根兴, 等. 2009. 磷、锌肥处理对降低污染稻田水稻籽粒 Cd 含量的影响[J].
生态环境学报, 18 (3): 910-913.

张亚丽, 沈其荣. 2001. 有机肥料对镉污染土壤的改良效应[J]. 土壤学报, 38 (2): 212-218.

张玉芬, 刘景辉, 杨彦明, 等. 2015. 柠檬酸和 EDTA 对蓖麻生理特性和镉累积的影响[J]. 生态
与农村环境学报, 31 (5): 760-766.

章萍, 钱光人, 周文斌, 等. 2013. 膨润土对底泥重金属的抑制效果及机制探讨[J]. 南昌大学学
报: 工科版, 34 (4): 337-340.

赵科理, 傅伟军, 戴巍, 等. 2016. 浙江省典型水稻产区土壤-水稻系统重金属迁移特征及定量
模型[J]. 中国生态农业学报, 24 (2): 226-234.

赵兴敏, 董德明, 花修艺, 等. 2009. 污染源附近农田土壤中铅-镉-铬-砷的分布特征和生物有效
性研究[J]. 农业环境科学学报, 28 (8): 1573-1577.

赵雄, 李福燕, 张冬明, 等. 2009. 水稻土镉污染与水稻镉含量相关性研究[J]. 农业环境科学学
报, 28 (11): 2236-2240.

朱光旭, 郭庆军, 杨俊兴, 等. 2013. 淋洗剂对多金属污染尾矿土壤的修复效应及技术研究[J]. 环
境科学, 34 (9): 3690-3696.

甄燕红, 成颜君, 潘根兴, 等. 2008. 中国部分市售大米中 Cd、Zn、Se 的含量及其食物安全评
价[J]. 安全与环境学报, 8 (1): 119-122.

郑淑华, 朱凰榕, 李榕, 等. 2014. 自然富硒土中 Se 对不同水稻籽粒吸收 Cd 的影响[J]. 环境保
护科学, 40 (5): 74-76.

周启星, 宋玉宋. 2004. 污染土壤修复原理与方法[M]. 北京: 科学出版社.

周启星, 吴燕玉, 熊先哲. 1994. 重金属 Cd-Zn 对水稻的复合污染和生态效应[J]. 应用生态学
报, 5 (4): 438-441.

诸洪达, 王继先, 陈如松. 等. 2000. 中国人食品中元素浓度和膳食摄入量研究[J]. 中华放射医
学与防护杂志, 20 (6): 378-384.

宗良纲, 徐晓炎. 2004. 水稻对土壤中镉的吸收及其调控措施[J]. 生态学杂志, 23 (3): 120-123.

Abollino O, Aceto M, Malandrino M, et al. 2003. Adsorption of heavy metals on
Na-montmorillonite: effects of pH and organic substances[J]. Water Research, 37 (7):
1619-1627.

Adamu C A, Mulchi C L, Bell P F. 1989. Relationships between soil pH, clay, organic matter and CEC and heavy metal concentrations in soils and tobacco[J]. Tob Sci, 33: 96-100.

Ahmad M, Lee S S, Yang J E, et al. 2012. Effects of soil dilution and amendments (mussel shell, cow bone, and biochar) on Pb availability and phytotoxicity in military shooting range soil[J]. Ecotoxicology and Environmental Safety, 79: 225-231.

Ali H, Naseer M, Sajad M A. 2012. Phytoremediation of heavy metals by *Trifolium alexandrinum*[J]. International Journal of Environmental Sciences, 2 (3): 1459-1469.

Bache C A, Reid C M, Hoffman D, et al. 1986. Cadmium in smoke particulates of regular and filter cigarettes containing low and high cadmium concentrations[J]. Bulletin of Environmental Contamination and Toxicology, 36 (1): 372-375.

Bailey S E, Olin T J, Bricka R M, et al. 1999. A review of potentially low-cost sorbents for heavy metals[J]. Water Research, 33 (11): 2469-2479.

Barbier F, Duc G, Petit-Ramel M. 2000. Adsorption of lead and cadmium ions from aqueous solution to the montmorillonite/water interface[J]. Colloids and Surfaces A: Physicochemical and Engineering Aspects, 166 (1): 153-159.

Basta N, McGowen S. 2004. Evaluation of chemical immobilization treatments for reducing heavy metal transport in a smelter-contaminated soil[J]. Environmental Pollution, 127 (1): 73-82.

Beesley L, Moreno-Jiménez E, Gomez-Eyles J L. 2010. Effects of biochar and greenwaste compost amendments on mobility, bioavailability and toxicity of inorganic and organic contaminants in a multi-element polluted soil[J]. Environmental Pollution, 158 (6): 2282-2287.

Bian R, Joseph S, Cui L, et al. 2014. A three-year experiment confirms continuous immobilization of cadmium and lead in contaminated paddy field with biochar amendment[J]. Journal of Hazardous Materials, 272 (4): 121-128.

Blaylock M J, Salt D E, Dushenkov S, et al. 1997. Enhanced accumulation of Pb in Indian mustard by soil-applied chelating agents[J]. Environmental Science & Technology, 31 (3): 860-865.

Bolan N S, Adriano D, Duraisamy P, et al. 2003. Immobilization and phytoavailability of cadmium in variable charge soils. III. Effect of biosolid compost addition[J]. Plant and Soil, 256 (1): 231-241.

Brooks R R, Lee J, Reeves R D, et al. 1977. Detection of nickel-iferous rocks by analysis of herbarium specimens of indica-tor plants[J]. Journal of Geochemical Exploration, 7: 49-57.

Cao R X, Ma L Q, Chen M, et al. 2003. Phosphate-induced metal immobilization in a contaminated site[J]. Environmental Pollution, 122 (1): 19-28.

Cao X, Wahbi A, Ma L, et al. 2009. Immobilization of Zn, Cu, and Pb in contaminated soils using phosphate rock and phosphoric acid[J]. Journal of Hazardous Materials, 164 (2): 555-564.

Castaldi P, Santona L, Melis P. 2005. Heavy metal immobilization by chemical amendments in a polluted soil and influence on white lupin growth[J]. Chemosphere, 60 (3): 365-371.

Chan K, Van Zwieten L, Meszaros I, et al. 2008. Agronomic values of greenwaste biochar as a soil amendment[J]. Soil Research, 45 (8): 629-634.

Chaney R L, Malik M, Li Y M, et al. 1983. Phytoremediation of soil metals[J]. Current Opinion in Biotechnology, 8: 279-284.

Chaney R L, Reeves P G, Ryan J A, et al. 2004. An improved understanding of soil Cd risk to humans and low cost methods to phytoextract Cd from contaminated soils to prevent soil Cd risks[J]. Biometals, 17 (5): 549-553.

Chang A C, Pan G, Page A L, et al. 2002. Developing human health-related chemical guidelines for reclaimed water and sewage sludge applications in agriculture[J]. World Health Organization, 94.

Chen Y, Li X, Shen Z. 2004. Leaching and uptake of heavy metals by ten different species of plants during an EDTA-assisted phytoextraction process[J]. Chemosphere, 57 (3): 187-196.

Cotter-Howells J, Caporn S. 1996. Remediation of contaminated land by formation of heavy metal phosphates[J]. Applied Geochemistry, 11 (1): 335-342.

Covelo E, Vega F, Andrade M. 2007. Competitive sorption and desorption of heavy metals by individual soil components[J]. Journal of Hazardous Materials, 140 (1): 308-315.

Cui Y S, Du X, Weng L P, et al. 2008. Effects of rice straw on the speciation of cadmium (Cd) and copper (Cu) in soils[J]. Geoderm, 146: 370-377.

Debela F, Arocena J M, Thring R W, et al. 2010. Organic acid-induced release of lead from pyromorphite and its relevance to reclamation of Pb-contaminated soils[J]. Chemosphere, 80 (4): 450-456.

Dermont G, Bergeron M, Mercier G, et al. 2008. Metal-contaminated soils: remediation practices and treatment technologies[J]. Practice Periodical of Hazardous, Toxic, and Radioactive Waste Management, 12 (3): 188-209.

Fushimi H. 1980. On the adsorption removal phenomenon and recovery technique of heavy metal ions by use of clay minerals[J]. Tokyo: Department of Physics and Chemical Science, Waseda University.

Guo G, Zhou Q, Ma L Q. 2006. Availability and assessment of fixing additives for the in situ remediation of heavy metal contaminated soils: a review[J]. Environmental Monitoring and Assessment, 116 (1): 513-528.

Gutenmann W H, Bache C A, et al. 1982. Cadmium and nickel in smoke of cigarettes prepared from tobacco cultured on municipal sludgeamended soil[J]. Toxicol. Environ. Health, 10: 423-431.

He P P, Lv X Z, Wang G Y. 2004. Effects of Se and Zn supplementation on the antagonism against Pb and Cd in vegetables[J]. Environment International, 30 (2): 167-172.

Hong K J, Tokunaga S, Kajiuchi T. 2002. Evaluation of remediation process with plant-derived biosurfactant for recovery of heavy metals from contaminated soils[J]. Chemosphere, 49 (4): 379-87.

Huang J H, Wang S L, Lin J H, et al. 2013. Dynamics of cadmium concentration in contaminated rice paddy soils with submerging time[J]. Paddy Water Environ, 11: 483-491.

Jia W, Samuelp S, Mikej M L, et al. 2009. Biodegradation of rhamnolipid, edta and citric acid in cadmium and zinc contaminated soils[J]. Soil Biology & Biochemistry, 41 (10): 2214-2221.

Karami N, Clemente R, Moreno-Jiménez E, et al. 2011. Efficiency of green waste compost and biochar soil amendments for reducing lead and copper mobility and uptake to ryegrass[J]. Journal of Hazardous Materials, 191 (1-3): 41-48.

Kirkham M B. 2006. Cadmium in plants on polluted soils: effects of soil factors, hyperaccumulation, and amendments[J]. Geoderma, 137 (1): 19-32.

Kuzyakov Y, Bogomolova I, Glaser B. 2014. Biochar stability in soil: decomposition during eight years and transformation as assessed by compound-specific 14C analysis[J]. Soil Biology & Biochemistry, 70 (6): 229-236.

Lehmann J, Rillig M C, Thies J, et al. 2011. Biochar effects on soil biota—a review[J]. Soil Biology & Biochemistry, 43 (9): 1812-1836.

Li Z W, Li L Q, Pan G X, et al. 2005. Bioavailability of Cd in a soil-rice system in China: soil type verus genotype effects[J]. Plant and Soil, 271: 165-173.

Lin L, Zhou W H, Dai H X, et al. 2012. Selenium reduces cadmium uptake and mitigates cadmium toxicity in rice [J]. Journal of Hazardous Materials, 235-236: 343-351.

Luo C, Shen Z, Li X. 2005. Enhanced phytoextraction of Cu, Pb, Zn and Cd with EDTA and EDDS[J]. Chemosphere, 59 (1): 1-11.

Malissionvas N, Katsalirou E. 2001. Influence of soil properties on heavy metal concentration in soil and their uptake from tobacco plants[C]. Agro-Phyto Group Meeting, CORESTA.

Mench M, Martin E. 1991. Mobilization of cadmium and other metals from two soils by root exudates of *Zea mays* L. , *Nicotiana tabacum* L. and *Nicotiana rustica* L. [J]. Plant and Soil, 132 (2): 187-196.

Mukherjee A, Zimmerman A, Harris W. 2011. Surface chemistry variations among a series of laboratory-produced biochars[J]. Geoderma, 163 (3): 247-255.

Naidu R, Bolan N S, Kookana R S, et al. 2006. Ionic-strength and pH effects on the sorption of cadmium and the surface charge of soils[J]. European Journal of Soil Science, 45 (4): 419-429.

Pyatt F B, Pyatt A J, Walker C, et al. 2005. The heavy metal content of skeletons from an ancient metalliferous polluted area in southern Jordan with particular reference to bioaccumulation and human health[J]. Ecotoxicol Environ Saf, 60: 295-300.

Quartacci M F, Baker A J M, Navari-Izzo F. 2005. Nitrilotriacetate-and citric acid-assisted phytoextraction of cadmium by Indian mustard (*Brassica juncea* (L.) Czernj, Brassicaceae) [J]. Chemosphere, 59 (9): 1249-1255.

Rees F, Simonnot M O, Morel J L. 2014. Short-term effects of biochar on soil heavy metal mobility are controlled by intra-particle diffusion and soil pH increase[J]. European Journal of Soil Science, 65 (1): 149-161.

Reeves P G, Chaney R L. 2004. Marginal nutritional status of zinc, iron, and calcium increases cadmium retention in the duodenum and other organs of rats fed rice-based diets[J]. Environmental Research, 96: 311-322.

Reeves P G, Nielsen E J, Brien-Nimens C, et al. 2001. Cadmium bioavailability from edible sunflower kernels: a long-term study with men and women volunteers [J]. Environmental Research Section, 87: 81-91.

Sauve S, Hendershot W, Allen H E. 2000. Solid-solution partitioning of metals in contaminated soils: dependence on pH, total metal burden, and organic matter[J]. Environmental Science & Technology, 34 (7): 1125-1131.

Shi J, Li L Q, Pan G X. 2009. Variation of grain Cd and Zn concentrations of 110 hybrid rice cultivars grown in a low-Cd paddy soil[J]. Journal of Environmental Sciences, 21 (2): 1-5.

Simmons R W, Pongsakul P, Chaney R L, et al. 2003. The relative exclusion of zinc and iron from rice grain in relation to rice grain cadmiumas compared to soybean: implicationsfor human health [J]. Plant and Soil, 257: 163-170.

Sun Y, Zhou Q, Wang L, et al. 2009a. Cadmium tolerance and accumulation characteristics of *Bidens pilosa* L. as a potential Cd-hyperaccumulator[J]. Journal of Hazardous Materials, 161 (2-3): 808-814.

Sun Y, Zhou Q, Wang L, et al. 2009b. The influence of different growth stages and dosage of EDTA on Cd uptake and accumulation in Cd-hyperaccumulator (*Solanum nigrum* L.) [J]. Bulletin of Environmental Contamination and Toxicology, 82 (3): 348-353.

Tessier A, Campbell P G C, Bisson M. 1979. Sequential extraction procedure for the speciation of particulate trace metals[J]. Analytical Chemistry, 51 (7): 844-851.

Tyler L D, Mcbride M B. 1982. Mobility and extractability of cadmium, copper, nickel, and zinc in organic and mineral soil columns[J]. Soil Sci. ; (United States), 134 (3): 198-205.

U. S. Environment Protection Agency. 2000. Drinking Water Standards and Health Advisories [M]. List of Substance, EPA 822-B-00-001.

Van Herwijnen R, Hutchings T R, Al-Tabbaa A, et al. 2007. Remediation of metal contaminated soil with mineral-amended composts[J]. Environmental Pollution, 150 (3): 347-354.

Vigliotta G, Matrella S, Cicatelli A, et al. 2016. Effects of heavy metals and chelants on phytoremediation capacity and on rhizobacterial communities of maize[J]. Journal of Environmental Management, 179: 93-102.

Villaescusa I, Fiol N, Martínez M, et al. 2004. Removal of copper and nickel ions from aqueous solutions by grape stalks wastes[J]. Water Research, 38 (4): 992-1002.

Wang Y, Chen T, Yeh K, et al. 2001. Stabilization of an elevated heavy metal contaminated site[J]. Journal of Hazardous Materials, 88 (1): 63-74.

Warren G, Alloway B. 2003. Reduction of arsenic uptake by lettuce with ferrous sulfate applied to contaminated soil[J]. Journal of Environmental Quality, 32 (3): 767-772.

WHO. 1999. Water, sanitation and Health Guidelines for Drinkingwater Quality: Vol. 2. Health Criteria and Other supporting Information [M]. 2nd ed. Geneva: WHO: 281-283.

Wuana R A, Okieimen F E, Imborvungu J A. 2010. Removal of heavy metals from a contaminated soil using organic chelating acids[J]. International Journal of Environmental Science & Technology, 7 (3): 485-496.

Zaheer I E, Ali S, Rizwan M, et al. 2015. Citric acid assisted phytoremediation of copperby *Brassica napus* L. [J]. Ecotoxicology and Environmental Safety, 120: 310-317.

Zhang T, Wei H, Yang X H, et al. 2014. Influence of the selective EDTA derivative phenyldiaminetetraacetic acid on the speciation and extraction of heavy metals from a contaminated soil[J]. Chemosphere, 109: 1-6.

Zhao K L, Liu X M, Xu J M, et al. 2010. Heavy metal contaminations in a soil-rice system: dentification of spatial dependence in relation to soil properties of paddy field[J]. Journal of Hazardous Materials, 181 (1-3): 778-787.